創業101天

科技女子闖關實錄

沒有攻略、現實打怪，創業現場第一手筆記

詹述親——著
EMMA

謹以此書，獻給秀連——我生命旅程的開始，這一路，妳從沒缺席。

推薦序

從101天的日記，看見一位創業者的成長軌跡

文／朱永光
前美商中經合集團資深合夥人

我與 Emma 的初識，是經由秀威資訊公司的引介，邀請我上 Podcast 節目暢談由秀威出版的拙作《創投老園丁的私房札記》。錄音當日，我深刻感受到 Emma 是一位思路縝密、口條清晰、反應靈敏的年輕人。她言談間展現出的爽朗個性與旺盛活力，給我留下極為鮮明、深刻的印象。

節目錄製之後，我心中萌生經營 Podcast 的念頭，便向她請益相關經驗。從

節目製作流程、平台工具選擇，到聲音剪輯與發布策略，Emma都不吝分享。不僅如此，她還主動深入研究，並提供我一份條理分明、操作性強的行動指南。那份認真與專注，不僅展現了她對知識的敬意，也彰顯了她對事業的投入與熱情，令我由衷佩服。

此後，我們保持聯繫，她也不時與我分享職涯的轉折與生活的點滴。我逐漸得知，她已離開原先共同創辦的公司，準備獨立創業，開啟屬於自己的一段新旅程。不久後，她便確立創業方向，積極投入新公司籌備的每一環節，步履堅定、行動果決。

去（二〇二四）年歲末，我們再度相見。彼此交換聖誕禮物時，我思忖該送她什麼，才能真正表達我的祝福與期許。靈機一動，我決定送她一本日記本——鼓勵她將創業歷程中的所思所感、一日一事，一筆一畫地記錄下來。我始終相信，書寫是一種力量，它能梳理內在的情緒、釐清外在的行動，也為未來留下一份誠實的軌跡。在漫長而孤獨的創業路上，這樣的紀錄將成為她最真實的陪伴與回望的依據。

出乎意料，也理所當然地，今年五月 Emma 致電告訴我，她已完成創業 101 天的日記寫作，準備結集出版，並請我為此書撰寫序文。電話那頭的聲音依舊明快而堅定，而她的行動力與夢想精神，亦如當年初識時那般熠熠生輝——Emma，始終是那個勇敢追夢、步履不停的女孩。

在這本書中，我們得以看見一位年輕創業者，在踏上創業之路的每一步歷程中，所經歷的真實思索與現實挑戰。從最初的起心動念，她不斷與自己辯證：究竟我是否適合創業？是否能夠承擔那未知且險峻的旅程？

當創業構想逐漸具體化，她迎面而來的是公司設立所需面對的繁瑣法規與行政文書作業；而在撰寫營運計畫書的過程中，則需深入研究產業現況、分析市場機會、檢視自身條件與外部環境，並縝密規劃所有資源的配置。

創業從來不是一人之事。在組建團隊的過程中，她經歷了夥伴的挑選、價值觀的磨合，以及潛在利益衝突的調解。為了募集資金，她必須一再向形形色色的投資人簡報與說明，不僅要接受各種尖銳提問與嚴苛批評，更得在挫折中穩住節奏、堅定初心。

然而，這本書所呈現的，不只是商業經營的理性推演與策略實作，它更溫柔地揭示了：創業者，終究是一個生活在現實世界中的人。除了肩負夢想與使命，也同時得面對柴米油鹽的生活壓力與情緒波動。書中提到，她租住近十年的房子突然被屋主宣布出售，被迫尋覓新居，面對的不僅是搬遷的不便，更是「屋漏偏逢連夜雨」的無奈與焦灼。

在過去近二十年的創投職涯中，我所看見的創業者，往往是在他們已完成包裝、準備齊全之後，走進募資會議室的那一刻。他們口條清晰、簡報精煉，展現出對市場的熟稔與對未來的信心。在過程中，我始終抱持著一份尊重（respect）

的態度接待每一位創業者，審慎評估其商業構想的可行性，並在決定投資後，全力陪伴他們一同成長。

然而，誠如這本書所陳述的，我才驚覺：過去的我，雖參與了他們創業路上的某一段旅程，卻從未真正看見，在那場簡報前的日日夜夜——那些從萌生創業念頭開始，歷經懷疑、猶豫、挫敗與堅持，直至完成營運計畫書的心路歷程與現實磨練。

這些隱而未見的過程，不僅是創業者最孤單也最關鍵的試煉時刻，也正是讓一個夢想由虛轉實、由想像落地的內在轉化旅程。讀這本書，讓我首次有機會從創業者的內在視角出發，感受到他們不為人知的掙扎與成長，對我而言，也是一次深刻的補課與提醒。

我相信，這本書不僅對那些懷抱創業夢想的年輕人具有啟發意義，也能讓潛在的投資人、政府相關機構，乃至社會上關心年輕世代的長輩們，對這些勇於踏上創業之路的創業者，多一份理解、多一份同理、多一份尊重，更多一份實質的支持與真誠的祝福。

創業從來不是一條坦途，它是一段需要勇氣、智慧與韌性的旅程。而Emma所選擇的，正是一條充滿挑戰卻也充滿可能的路徑。願她能在這段創業旅程中持續享受過程、珍惜歷練，不僅日日茁壯、逐夢踏實，也能在圓夢的同時，為自己的人生添寫深刻的一頁，並為這個社會注入新的價值與貢獻。

推薦序
這是一本「寫真集」

文／張錫昌
陽明海運股份有限公司資訊長

沒有搞錯，真的是字而意思的「寫」「真」「集」。一般人利用美姿、美顏、美技記錄下青春不留白的美麗身影，合輯成名不副實而源自於日語的寫真集。本書作者可以，但不需要以照片來吸引讀者的眼光，而是以真名、真事及真心話記錄下她春春不留白的心路歷程，如果能觸發讀者感同身受的同理心，就是她的最大喜悅。

我還是習慣稱作者為Emma，情誼是這樣開始的，二〇一四年的某天下午，一位玲瓏有致的小女生，怯生生地走進會議室，跟我們展開一場激烈廝殺的採購戰鬥。就在達成結論的剎那，Emma高音地「耶」了一長聲，興奮地表示她開胡了，做成職涯的第一筆交易。這麼多年來，Emma總是帶著樂觀燦爛的笑容及反應敏捷的機制，發揮「水幫魚，魚幫水」的精神，陪著兩邊公司一起成長及前進。去年Emma離職前來告別時，不願透露新職涯規劃，我直誇她的勇氣，只能送上祝福。

直到前一陣子，Emma傳給我這本書的電子檔，並邀我寫序。拜讀之後，我才算認識到真正的Emma，天真樂觀的容顏下竟經歷過那麼多的波折，讓長年在舒適圈的我感到汗顏。整本書是以「智慧餐盤專利權」為場景，激發了作者創業的意念，並付諸行動。為了能成功創業，她加倍地觀摩學習、加倍地參與活動。儘管不少親友送來溫馨關懷，現實環境還是會遇到不少坎坷與挑戰，有法令面、行政面、資金面、市場面，Emma 有著高EQ，是有一些ㄇㄇ（編按：murmur），但沒有慷慨激昂的發洩，倒是常換位思考對方立場。所以書裡沒有壞人，只有善盡職責的認真工作者，因有不同立場，造成創業路上的種種坎坷。

那具體而言，這究竟是什麼性質的一本書？應該不算是自傳，Emma 太年輕，也還不算功成名就；是有提到一些申請注意事項，但不夠明確到可當作工具書；有點像，但也不算是日記；沒有豐功偉業，沒有愛情故事，沒有恐怖情節，沒有打鬥場面，但我確信這是 Emma 的真人真事，滿滿發自其內心的真心話。如果讀者將「智慧餐盤專利權」這個場景，抽換成自己熟悉的場景，那將會成為每個人自己的故事，因為多數人一生都會經過種種的歷練，只是多數人將自己的故事與真心話深藏在自己的心裡，沒有幾個人有勇氣地像 Emma 一樣寫出來並分享給讀者。所以我個人認為，這是一本以真人真事為背景的勵志散文集。

容我借用電影《食神》的經典橋段來形容我那種「感同身受」的閱讀心得：

主角史提芬周在廚藝競賽中，屢屢遭受到被破壞的挫折，在所剩不多的時間，以真功夫真感受做出一份「黯然銷魂飯」。唐牛譏笑：「叉燒飯就是叉燒飯。」評審味公主也無奈地公式化嚐了一口，神情立變地說：「哇！這叉燒太棒了！塵世間沒有形容詞可以形容它了！」接著心情再度變化，自言：「我怎麼會流淚呢？有一種哀傷感……」然後她聯想到了自己不爭氣的老公、詐賭被抓的自己、被拉進黑社會的兒子等種種痛腳。最後，主角史提芬周開釋般地對眾人說：「老爹老媽大哥小妹凱子馬子，只要用心……，人人都可以是『食神』。」

Emma無疑地是個科技女，善用資訊科技，例如用GPT來美化負面用詞，如「過於樂觀」修飾為「我的樂觀性格有時候會讓我低估面臨的挑戰」。擔任主管的人們，也可以考慮一下善用GPT來做領導統御。在動筆前，我也試著讓GPT很快地幫我產生一份序文，文辭華麗，效果還不錯，但還是場面話，表現不出我跟Emma的純真友誼，所以這篇序文也是真人寫作。有用了一點智慧工具，因為找不到《食神》的完整文字台詞，而利用影像擷取及文字辨識並修正而來，花了一些時間，這是我寫這序文最懊悔的地方，因為事後詢問GPT，是可以得到我想要的台詞片段。所以同樣是AI，效果還是有差，永遠都有可進步的空間。

Emma的故事還沒結束，這是她的職涯第一部曲，先將奮鬥過程留下痕跡。利用GPT查詢「智慧餐盤」是會出現Emma的心血結晶，但最終成果，還沒辦法說個準。不過「智慧餐盤」不會是重點，因為重點是Emma的個人特質，韌性、彈性，還有樂觀及奮鬥不懈的個性，將會是她下一階段成功的本錢。期待Emma的第二部曲，並能分享她創業成功的經歷。行有餘力，再補個前傳，補上童年及學生時代經歷過的汗水與淚水，如何養成自己獨立自主及不畏艱辛的個性。

最後謹以此序，預祝Emma的成功。

推薦序

step by step的創業日記／遊記

文／胡百敬
集英信誠股份有限公司董事長兼總經理

相信很多打工人不願遇到慣老闆，總想一咬牙：「人生在此不稱意，明朝散財創業去？」但創業的鋩角實多：自己有什麼願景與利基、有無志同道合者、如何募資、如何分利、要具備什麼、gap多大、如何找補助與資源……，五個W繞得頭疼，因為方方面面雲裡霧裡，只能老是「再想想」。若你也有這口悶氣，這是本解氣的書。因為這是一本 step by step 的創業日記，一個活生生的實例讓你了解從哪起步、可能的走法，或就此評估得失，不再妄想當老闆。

創業與經營，很磨人，在世與我相違的惶惶中，內心必須有個聲音一再詰問自己，並強迫自己改變。如 Emma 在書中的轉折，從滿眼自己的專利轉到用戶需求。從抗拒投資人、輔導、顧問們的提問，到反覆思考並著書寫下心中答案。逼自己離開舒適圈，在日晒雨淋之地胼手胝足，一磚一瓦堆砌。從天塌下來別人扛，變成獨孤自己。夜裡壓著一身的責任，看不見、摸不著、說不出、想不清。恐懼讓人輾轉難眠。惟等神經慢慢大條了，被拒、失望、鄙夷、拋棄……，諸多負面潮水過而不沾，才不再縈繞於夢魘。

然而，這條路上要撐大的不只是膽識、能力與胸襟，還磨人情。當計利時，各種情懷與關係錯雜，我相信這世界沒有卡通般的好人與壞人，只有利益遠近的人。創業期間，有些新朋友走近了，也會與很多當初一起走的人決絕。在艱困無助期深嘗冷暖，要自己放大難得的暖意來排遣環伺的寒。情會傷身，因為在意。

本書可以先幫你打個預防針，看清彼此的利益抉擇差異，讓自己允許時間帶走心中的「在意」。

Emma嬌小可愛，思緒快，邏輯好，能想敢做，有信念與骨氣。更難得的是文筆流暢，言之有物。本書風趣幽默地敘說著創業點滴，若你不想創業，躺平著看，也是本很棒的「遊記」，具體描繪出虛幻的創業之路。女孩以很快的語速告訴你：「這有個洞！啊，掉下去了。沒關係，爬出來就好。你看，我爬得很優雅吧，快誇我！我在洞裡找到了值錢的經驗。誇我無畏，誇我堅持。」

有幸在永豐餘和集英信誠與她共事，看著她走過助理、留學、銷售、創業，一再驚豔於她的果決。當她神采奕奕，瞪著大眼睛，高音調地說點子時，代表播下了顆定會萌發的種子。

Emma親緣不深，隻身勇闖慣了。臺灣非創業的沃土，將本求利錙銖必較。從政府到民間，新創育成的資金、制度、配套、文化都未成熟，她以此書寫篇章。我相信 Emma 視挑戰為興奮劑，打脫牙和血吞。惟願創業之神與她同行，天公疼一下逐夢人。讓這本日記繼續寫下去，我們得以續探；行走魔戒旅程的奇趣與炫麗。

目次

推薦序　從101天的日記，看見一位創業者的成長軌跡／朱永光　5
推薦序　這是一本「寫真集」／張錫昌　11
推薦序　step by step 的創業日記／遊記／胡百敬　16
作者序　24

CH0　**角色創建室——你是誰，為什麼踏進這場遊戲？**
我是誰　30
就算是再好的人，只要有在好好努力，在某人的故事裡也會變成壞人。　34
這件事，不太對　37
專利——關於申請的鋩鋩角角　41
要不要開一間公司呢？　45
心意連　49
揮舞專利大旗的女子　52

CH1

行政副本大廳——創業，從跑公文開始

育成中心與加速器 060
新創居，大不易 066
關於公司登記，久到被我遺忘了的事 070
原來……我是賣五金家用餐具的？ 075
銀行履約保證金保證函 081
想節稅啊？來不及的高風險新創認定 087

CH2

方向失衡區——看著別人的成功，懷疑自己是不是走錯路

S形大轉彎 094
轉彎，超難 098
17歲，上了富比世的競爭對手 103
為什麼他可以進Y Combinator! 108

CH3

團隊連線不穩區——創業就像打團戰，但有人會中途掉線

心意連入厝日 116
謝謝你們，跟我出來 120
關於股權、承諾，和失去的朋友 125

CH4 **懷疑自己試煉場——你不是沒能力，只是進入了這一區**
85題的靈魂拷問 134
你有什麼特別的？ 138
願景，Vision，一個很困難的名詞 141
會有讓你睡不著的恐懼嗎？ 144
可能的外部失敗因素 148
給投資人的情書 151
財務預估，就像一張完美的新年計畫表？ 155
不只AI有幻覺 160

CH5 **副本卡關區——不一定有錯，但就是過不了**
關於拒絕信 168
飛吧！飛出去吧！ 172
闖天涯，沒有一只行李箱（1／2） 176
闖天涯，沒有一只行李箱（2／2） 180
哦不！房東要賣房子 183
「你是KOL嗎？」 188
質疑，永遠比相信容易 194

CH6 歷史紀錄室——回頭看那些沒完成的提案、沒說完的話

謝謝十年來累積的疼惜、謝謝認真了十年的自己 202
我們，只有一套帳 206
那些年，只應天上有的客戶 211
八年前，那些想說的話 215
復旦女子圖鑑 222

CH7 出口觀景台——你還在迷宮裡，但你已經能抬頭看遠方

好事，會召喚好事 228
What's Next? 233

作者序

對，文章還沒兩篇就先寫序，真的是壞習慣。

當時連第二篇章節都還沒落定，我就搶先寫了這篇序的第一版。

就像公司登記一完成就去 GoDaddy 把網域註冊下來，堅持名片上印的必須是有網域的 email 一樣傻氣。

但是，創業的勇氣也許就來自最初的傻氣。

就跟這本書的成因一樣，雖然不知道成書時，我是個連續創業家、亦或是創業失敗回歸業務身分的科技業一分子，但仍然想記錄下過程的點點滴滴。等老了坐在搖椅上，不用跟子孫講故事，丟本書自己看，記得交報告來換壓歲錢。

第一篇寫關於創業的文章其實是二〇一七年刊登在風傳媒的〈我，78年次，聽聽我說好嗎？〉。那個時候單純想要代表我們的世代對外喊話，殊不知時隔數年，我已經無法代表年輕人。換了個創業題目卻依然努力中的詹逑親，在這個年紀、這個時間重新開啟新創要面對的環境更為嚴竣——所謂大器晚成其實是倖存者偏誤。

但，誰都想成為那些倖存者，所以我還在這裡努力。

努力用我想出的解法，努力解決現存問題，這是本命武曲、科技女子的堅持。

特別感謝YK在二〇二四年送的聖誕禮物，一本精美的筆記本，期望我能好好記下這一路上的風景，也才是起心動念認真記錄的開始。

謝謝我的哥哥，總是默默支持著我，不太說話卻是最踏實的後盾。

謝謝臺科大育成中心，從心意連啟程到關鍵的S形轉彎，既提供資源，也在我最迷茫時陪我釐清方向，給予溫暖與力量。

也謝謝ASPN運動科技加速器，給了Healthy Plate一個國際級的舞台，讓我們有機會走出台灣，得以在更寬廣的視野中成長。

最後，謝謝一路上碰見過的每一個人、每一件事；每一個發生過的存在都沒有好壞，都在成就現下與未來的自己，我是一直這麼相信著。

CH0
角色創建室

——你是誰，為什麼踏進這場遊戲？

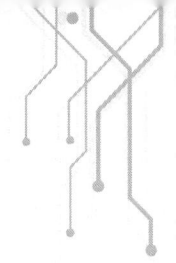

每一場冒險，總得先決定角色。

你是刺客還是坦克？入場時具備的特質是什麼？

這一章，是關於我怎麼點技能、配裝備，又怎麼在還沒準備好的情況下，還是按下了「開始遊戲」的那一刻。

我是誰

「我是誰？」

這個問題從決定寫書時就沒離開過腦海。

「為什麼寫書？」「誰要看你的書？」是隨之而來的兩個尖銳問題。

但這個可能跟創業會被問到的問題一樣：

「創什麼業？」

「為什麼創業？」

「為什麼你覺得你創業會成功？」

必須說，這些都不是我被問過的問題。我身邊的人們、面對的人們都很和善，沒有人會這樣咄咄逼人，但這些或許才是大家想知道的，如果沒經過包裝的話。

寫書，好像是厲害的人做的事；寫一本跟創業有關的書，好像更是創業成功人士才有的專利，即使我們每個人心裡都清楚，那些「創業必勝心法」、「成功要做的幾件事」並不會讓我們成功，但看著那些文字那些想法，好像可以讓我們離成功人士更近一點。

如果這世界所有人都是這麼想的，那我還能寫作嗎？我，是誰？

簷述親，不是富二代，從小在家庭狀況表上媽媽都會在經濟欄位寫上小康。單親家庭，媽媽是中醫師，在以前的桃園縣新屋鄉執業，原因是離外公家近可以彼此照應，這樣看來是跟富裕二字有著一定距離的小康。

如果不是已經過世十幾年，聽到我要創業她可能會堅決反對：

「女生耶！創什麼業！開店嗎？」

「什麼！是要開公司？妳要找員工？這樣要花多少錢？」

「在公司待著不好嗎？會什麼要讓自己壓力那麼大！」

媽媽永遠希望孩子能安穩一生，平靜無波的那種，我媽也是。

#不是富二代　#女生　#資訊科技產業新創

以上這些 Hashtag 加上去，這樣的成功機率有多少？或許真的不容樂觀。

不過話說回來，就算會失敗，就不能寫了嗎？還是應該失敗了再總結失敗經驗？

但那時候我還會記得過程嗎？還有心情回想這一切嗎？

答案是不會、沒有。

那開始寫吧！把這段時間遇到的事當日記一篇一篇寫下來，從0到1的過程，不論看到的聽到的心裡想的。未來如果成功，這是第一手實錄；如果失敗，就當一篇篇勸世文，配上〈媽媽請你不通痛〉那首歌，能勸走一個是一個。

就算是再好的人，只要有在好好努力，在某人的故事裡也會變成壞人。

其實從有出書這個念頭，就一直隱隱有點擔心，會不會不小心駕馭不住自己的文字，把生命中出現過的人寫成了壞人。畢竟，即便自認已經盡力客觀，敘事依然是主觀的。我站在我的立場書寫，無論我多麼小心，依然會有人覺得自己被遺忘、被犧牲，甚至被辜負。

其實沒有一個選擇能讓所有人滿意。

尤其當角色不再只是自己，而是成為團隊的一分子，甚至是一個公司的領導者時，很多事情已經無法純粹依靠私人情誼來運行。秉公處理，是最基本的尊重，哪怕決策看起來冷漠無情，背後的權衡其實一言難盡。

我很感激一路以來，所有雙向奔赴的情誼。於私，只要是好朋友有需要，我always在，無論是幫忙想辦法、查資料提主意，甚至花時間陪聊數小時，這些都毫無怨言。但當涉及到事業，當創業的時間壓力如影隨形，許多事情就必須回歸到最理性的判斷。

新創這條路，沒有太多時間去糾結變因的形成，而是只能接受、立即調整。不是不想追究，而是真的沒有多餘的時間去追問或試圖扭轉，畢竟如果無法改變，那額外投入的時間成本才是最大的風險。

一路走來，我始終堅持仰不愧於天、俯不怍於人，這是我的核心信念。每次去拜關公，坦然請求「不賺不義之財、只賺應得利益」，這時候，我都能挺直腰桿，因為我問心無愧。但這並不代表我不會感到無奈——因為在某些人的故事裡，我還是成了壞人。

或許，只要各自有立場，情感上就會有所謂的辜負，而這已經不是人力所能企及。我無法在認真過生活的時候還花時間去顧及每個人的心情，當一個澈底的好人未必是能做事的人。

所以，我學會了釋然——接受自己可能也會成為某些人故事裡的壞人，接受有些人無法理解我的選擇，接受我的努力不一定會被所有人看見或認同。

我所能做的，只是誠實地書寫自己的旅程，帶著一點愧疚、一點不甘，或許還有一點點的期待。

或許，世界上沒有絕對的壞人，只有站在不同立場的普通人。

這件事，不太對

「欸，我覺得不太對，這件事有那麼難嗎？」

灰頭土臉離開一個天馬行空想要蒐集各式各樣數據變成資料中心的客戶端會議，上車後我立即問了S這個沒頭沒尾的問題。

S一臉狐疑問我：「妳在說什麼？」

「剛剛會議上有一句話『飲食紀錄沒有辦法量化』所以客戶沒有打算蒐集這個資料，你不覺得不合理嗎？」S看了我一眼，回了我一個「哦」，意即這個話題差不多了，他沒有心情討論這件事。

回家後，這個念頭在腦子裡轉個不停，在這個連唸佛誠心都可以量化的時代，為什麼吃到肚子裡的東西沒有辦法量化來記錄？佛珠都可以 IoT 化，吃進多少東西至少可以有個 IoT 餐盤吧？

秉持著「怎麼可能沒有」的好奇，我一路從 momo、pchome、蝦皮、Google、Amazon、淘寶……輸入各個關鍵字，卻找不到任何一個相關的商品。

這，怎麼可能！我該不會發現了一個全世界沒有人想過的事吧？

不可能！絕對不可能！

人類會買一個要價上萬的穿戴裝置來記錄步數，每天吃進肚子裡的食物卻沒想過要量化？

這怎麼可能？

經歷兩天進行資料查找的週末，不得不說，有點沮喪。

這就跟傳說中的那個市場需求寓言一樣：「非洲的人都沒穿鞋，是沒鞋穿還是不需要？」會不會我認為合理但完全不存在的產品，就跟想賣梳子給和尚一樣，根本沒需求所以這個「不存在」才是合理的？

邊想著這件事，邊恍神走到我哥旁邊，一鼓腦地把我的困惑丟給他。

一向對我的想法不太發表意見的我哥，沉默了幾秒後跟我說了他曾經不解到捶心肝的事。

「妳知道我第一次看到好神拖的時候，在想什麼嗎？」

「只要懂點機械原理的人，就會立刻明白這是怎麼做的，但有史以來，只有這個人想到用在拖把上，所以他賺翻了。」

他看著我。

「我覺得妳去申請專利，說不定真的只有妳想到這件事！」

我震驚了。

哥！我以為你要澆熄我的幻想，你這是把我的夢畫得更大啊！

專利——關於申請的鋩鋩角角

在哥哥以無比沉痛口吻說完他錯失小發明大革命的隔天，我開始上網查找關於專利的種種。

專利在世界各國都採屬地主義。在臺灣，專利類型分為新型專利、發明發利及設計專利，新型專利不需實質審查，其餘兩者都需經過實質審查，因此申請會費時較長。

既然想要取得一個專利來為這個世界作一點改變，那當然要發明專利啊。

然而我這個只是一個小小的想法、小小的應用，真的可以申請到發明專利嗎？

坐而言不如起而行，年過三十之後這句話反而變成座右銘。

但在找專利師進行申請之前，該做的功課還是自己要先做，關於專利查找、確認是否已經有既存專利，Google patent 是準發明家的好朋友。輸入可能相關的名詞、配上各種排列組合，先試看看究竟世界上有沒有接近的發明。

這不是為了幫專利師省事——畢竟自己才是最明白這個想法來龍去脈的人，下的關鍵字才會最精確。

有些工作還是要自己做好嗎！

如果完全把工作交給專利師，真的難免送出之後夜深人靜自己在網路上翻著翻著翻到「啊！怎麼二〇一×年有人申請這個！」然後會不禁開始問天問大地，問著問著就迷信怪宿命，齊秦早就唱給大家聽，但前方道路上屢敗屢戰的前輩可能沒聽進去。

前輩們的經驗我看在眼裡默默吸取了，花了兩天時間整理可能的相關的專利，先假設一個避開這些內容的範圍，終於鼓起勇氣發了訊息給認識的專利師，約了時間進行說明請他協助評估。

做過功課之後，專利師評估大致上沒有什麼問題，唯一一個問題是「除了中華民國，要不要同步申請他國專利？」

噢不！我可是客家女子！勤儉持家是傳統美德，中華民國專利萬一沒拿到，那其他國家也一定會被駁回，我想要花錢在刀口上，我們先在臺灣申請就好。

未來我後悔了這個當初覺得很聰明的決定。

請各位在下面這段話畫上重點記號，星星或標記都可以——

發明專利必須要在「送出申請的一年內」送到其他你想申請的任何第三方國家。

不是「拿到專利的一年內」，是「送出申請的一年內」！

換句話說，如果取得專利的時間耗時超過一年，那就來不及申請其他國家的專利了。

專利師有提醒我，但我問了一句：「申請得到第一次核駁意見大概多久？」在取得「一般大約八到十個月」的答案後，客家如我很快樂地說：「好！那就拿到第一次核駁意見之後再看要不要送其他國家！」

殊不知遇上COVID-19，第一次核駁意見我足足等了一年多，即使後來順利拿到發明專利，他國的申請就這麼錯過了。

差點開口跟齊秦唱和，但我忍住了。

我才不要跟前輩們唱同一首歌。

要不要開一間公司呢？

說個題外話。

送出發明專利的申請前的二〇二〇年某一天，跟外公說他孫女有個想法，想要「跟政府申請一個專利」，九十二歲老頑童非常興奮地跟我討論「專利耶！有專利之後開一間公司、請多少員工、能賺多少錢」……八字都還沒一撇，但一老一小坐在老家客廳一起作夢。

二〇二二年中，時隔一年半，我那已經快要被遺忘的專利申請居然過了！於是端午節回家我與沖沖跟外公報告：「你孫女現在可是發明家呢！」

其實這位老人家已經不記得那件事了，也不是很能理解發明專利是什麼，發明家這個詞也不在他的字典裡。但他還是很在意：「那妳要開公司嗎？」

發明家孫女：「不知道，我還在想耶，不過你要當董事長是不是？」

外公：「不要，妳開公司我當經理就好。」

傻孩子！你知道當經理是要做事的嗎？

當時，我只是發笑並把這件事紀錄在Facebook，當成我們家可愛外公的又一經典發言。

卻沒想到隔了兩個月，公司還沒成立，撇除要當董事長還是經理這種過於有爭議的題目，外公選擇去當天使，在雲層上方看望著孫女在塵世繼續努力。

但我一直記得我們討論過的那件事：「要開公司嗎？」

那時，我在沛米科技擔任營運長，同時也在集英信誠兼任業務行銷主管，具有閒不下來命格的壞處，就是會生出很多讓自己各種忙碌的事。再開一間公司似乎是天方夜譚。

再說一次，閒不下來命格的壞處就是很會找事。

午夜夢迴，「我有一個發明專利」這件事帶來不是喜悅，而是一個詛咒，會讓人不禁去想「這個概念可以實現嗎？可以商轉嗎？或是可以授權給其他公司來實現嗎？」等等問題。

我不是一個只會坐著想的人，所以經歷幾個睡不好的夜晚之後，決定動手開始執行。

但在開始跟各種公司展開實作的討論前，總不能拿著沛米或集英信誠的名片、也不好只用個人名義，所以還是註冊間公司好了，畢竟開公司容易，去市政府申請即可。

但經歷過沛米從0到1的過程，也上過不少創業課程，對於投資人股權設計等等略有概念，我知道事情遠遠沒有那麼簡單，尤其小資女手上現金有限，只有一個無法立即鑑價的專利，股權設計該如何對未來的自己和投資人都公平，是一件很困難的事。

況且，在經歷與會計師多次討論後，專利如果要以勞務作價，公司還沒營利，個人所得稅*就是一筆有點莫名的開銷，因此還是只用了現金入資並選擇無面額股份的閉鎖型公司，希望未來可以提高投資人的投資意願。

總之，公司在二〇二二年底註冊成立，定名心意連。

在當時，個人以勞務作價投資閉鎖性公司，依所取得股權是否限制轉讓期間，區分兩種不同的所得計算及課稅時點，一為取得股份時點、二為「緩課稅」，待閉鎖型公司轉為公開發行，或是股權轉讓時才會課稅，才能精準地體現其價格。依財政部最新解釋令（2024/12/24）規定，不再區分取得股權是否限制轉讓期間，一律以勞務作價取得股份時點認定所得已實現，以抵充的出資金額計算所得課稅，如同個人以財產作價投資公司取得股份的課稅規定。

心意連

為什麼公司叫做心意連？

或許早就可以預期到這是一定會被問的問題。

「我們要做的是一個記錄飲食的工具，除了自己使用之外，我們也期待用戶逢年過節送給家人，以一種心意滿滿的方式，連結彼此的情感。」這是官方說法。

實話是，我想我媽了。

我媽名為秀連，憶連，所以心意連，就那麼單純。獨資的好處就是命名可以很任性，無須討論、不用算筆劃，只跟我本人有關。

但其實也不只如此，也因為我媽是個很酷的人，我一直都以她為榮。秀連是個中醫師，桃園縣新屋鄉唯一的女中醫師。她是一個很認真、很努力的人，為了考上中醫師執照，她選擇到臺中的廟裡苦讀。跟她比起來，我大概算是一路靠著一點點小聰明騙吃騙喝長大的。

她曾經說過，病人的病治了一陣子沒治好只有兩種可能，一是方向錯誤、二是用藥不夠好。為了讓變數只有一個，她用的所有藥材都是最好的。

公司成立之時她離開十七年了，未來這個數字還會繼續增加，我希望能夠一直記得她的好。

以前，只要碰到期中期末考，出門前她一定會跟我說：「不要緊張，妳不會寫的題目就沒有人會了。」雖然後來事實證明，我不會還有其他一牛車的人會，一如在這個沒有聖誕老人的現實中，必須要持續地非常努力才有那千分之一讓秀連驕傲的機會。

我會繼續努力。

揮舞專利大旗的女子

專利申請到了、公司也成立了，那下一步呢？

我跟你說，這個時候你有很高機率會跟我一樣開始跟親朋好友說：「我有個新計畫耶！」通常你會看到無數雙木然的眼神。其中，會有少數朋友很興奮地跟你說：「我也有注意到這樣的需求耶！」「接下來可以……」省略這樣這樣再那樣那樣的各式發想，接著眼神木然的換成自己。

強調一下，我不是在抱怨親朋好友提供的建議，光是大家願意花時間聽我說話我就很感激了！

只是畢竟每個人都有自己的生活、工作，僅憑見面時的數小時給出的意見未必適合新創。新創的確需要各式各樣的合作機會，只不過礙於資源，其實新創必須很挑食。

但這些是題外話了。

當開始對外討論專利內容——一個具有 IoT 功能的聯網餐盤，可以解決目前無法得到準確飲食數據的現況，有些朋友很明快地問到一個我很難回答的問題：「但要帶出門耶，這會不會很不方便？」

現在可以老實招認，這一題我想過，但當時的回答其實略帶鄉愿及任性：「在帶出門這件事上，環保杯其實也是一樣的，很多人都有多個環保杯，IoT 餐盤其實亦然。」

朋友們其實都滿疼我的，不論認同與否，都笑笑不會直接駁我。

然而創投就是另外一回事了，面對這樣一個不明確的老掉牙市場需求，在我的回答沒有辦法一擊必殺他們的疑慮之時，他們給的評價和意見就戳心窩得多。

以下僅列出幾個讓我印象尤其深刻的：

「除了慢性病人之外，消費者真的想知道自己吃的食物分量嗎？」

「我認同這個需求存在，但是一直沒有相關的產品出現，真的有這個市場嗎？」

「嗯嗯，我知道妳做過一些市場調查，但會不會妳調查的對象都在妳的同溫層？」

更有甚者，在媒合會中選擇想跟心意連聊聊，待我花時間說明後回我：「我不是妳這個產品的ＴＡ，我也不覺得我身邊有人會買。」

……你是誰派來的？

其中，的確有讓我醍醐灌頂的問題：

「妳過去近十年的經驗都在軟體業，為什麼選擇硬體來解決這個問題？」

「IoT 真的是最好的解法嗎？」

「對於硬體其實妳並不熟，妳說打算外包給硬體製造商，但這樣風險會不會很高？」

其中一位大哥給了一個非常客觀犀利的評價：

「我在面對先取得專利的團隊都會有個疑慮，你們似乎在取得專利之後，就會揮舞著專利大旗，似乎有專利就可以解決你們看到的任何問題。反過來說，你們也被專利綁住了，比較少去思考還有沒有別的解決方式。」

我，就這麼被說中了。

IoT 餐盤是專利，彷彿也是我的孩子，所以我化身為最可怕的那種父母，全心全意找各種說法顧著幫 IoT 餐盤開脫。當然，要得到精準的數據自然還是要硬體才能做到，但攜帶方便性這個根本的問題不是靠著我認為的「環保意識」就可以讓消費者提高帶出門的意願。

孩子，要成為一個有用的人需要教育。

產品，要成為一個既有問題的可靠解方，得再花點心力思考。

收起妳的大旗！

CH1
行政副本大廳

——創業，從跑公文開始

沒有人告訴你，創業的第一步不是做產品，而是填表格。
這裡沒有華麗技能、沒有大魔王，只有一疊疊公文和一條條難懂的規則。
但你還是得過，因為這是唯一能進入主線劇情的門票。

育成中心與加速器

心意連登記之後，因為當時我還在沛米擔任營運長，光是日常瑣事也是塞得滿滿當當，在只有自己一個人以side-project方式進行，最大的天敵是自己的惰性。

更何況，沛米多年來一直都是以接案模式經營，當時並沒有正式對外募資的經驗，所以雖然業務兼營運做了這麼多年，對於「新創募資」這個領域，還是停留在半桶水的狀態。想要真正搞懂這門學問，與其自己單打獨鬥，不如找個專業的組織來學習（畢竟Google不是萬能的，但Google＋業師可能就有救了）。於是，我開始評估新創輔導機構，例如加速器或育成中心，看看哪種模式比較適合心意連這個階段。

先來解釋一下坊間「加速器」跟「育成中心」有什麼不同？

加速器

就像是「衝刺班」，短短三到六個月，透過密集的課程、導師指導、實戰演練，幫助你快速改良商業模式、完善產品，並爭取投資機會。這種模式適合已經有明確方向、準備大展身手的團隊，就像考試前的短期衝刺，時間雖短，但節奏快、強度高，適合那些準備好進場競爭的創業者。

育成中心

比較像是「長期培訓計畫」，它提供穩定的辦公空間、資源整合、業師輔導，讓團隊可以在較長時間內逐步調整產品與市場策略。這更適合還在探索階段、需要時間醞釀與迭代的團隊，就像扎實的技能培訓，強調穩定成長，而不是短期爆發。

在心意連這個階段，選擇加速器明顯言之過早，畢竟我們還沒有成型的募資策略，商業模式也還在探索中；育成中心比較符合我們的需求，讓我們可以在一個穩定的環境下，把產品、策略，甚至整個方向都理清楚。

在眾多育成中心中，臺科大育成中心是少數開放外部新創申請的單位之一*，而且也是臺灣歷史悠久的育成中心之一。於是，我毫不猶豫填寫了申請表，面談、簡報後順利通過審查，正式成為育成中心的一員。

現在回頭看，真的很慶幸當初做了這個決定。進駐臺科育成後，享受到一連串實實在在的支援與協助，例如：

臺灣的育成中心大多是大學附設的（如臺大車庫、臺科大育成中心、政大產創等等），在校生或校友會是這些育成中心主要輔導的對象，有些育成中心未必有提供外部新創企業申請進駐，所以選擇的時候也要特別考量這件事，建議先看看自己的大學母校是否有提供育成中心。

1、業師一對一指導

臺科大育成中心安排的業師指導真的是一大助力。每位業師都擁有豐富的實戰經驗，不論是產品開發、商業模式或市場策略，都能提供具體而中肯的建議。總能提出關鍵的建議。有時候一句話，就能讓我少走好幾個彎路，或是從另一個角度重新審視問題。

2、資源整合與專業講座

除了定期舉辦的講座與工作坊，中心也不吝嗇分享各種資源，從市場調查數據到合作夥伴的推薦，甚至還會促成新創之間的交流，讓我們可以從其他創業者的經驗中找到靈感，少踩一點坑。

3、Demo Day & 簡報實戰訓練

創業的世界，會說故事很重要，因為投資人不會花時間幫你補完劇情。所以育成中心也提供簡報課程及實戰練習，讓我們不只是「做產品」，還要「會說產品」。

4、補助申請文件檢核

每個新創應該都體會過「寫補助計畫」的崩潰感，而育成中心的輔導團隊就像是「補助界的超級助攻」，幫忙檢核文件，確保內容符合政府或投資方的規範，少踩雷、少被退件。

還記得第一次以臺科育成廠商的身分參加中央新創媒合會，現場有三位臺科

育成的夥伴，全程陪著我跟投資人介紹產品、討論市場機會，畫面宛如母雞帶小雞，真的讓人感動又安心。尤其是心意連的產品從 IoT 硬體 S 形轉彎到優先以軟體攻市，這段過程臺科育成中心的輔導夥伴們應該比誰都傻眼，但他們還是陪在旁邊，給了我們許多方向上的建議，幫助我們重新整理思路。

到今天，我依然覺得，當初選擇進駐臺科育成中心是個非常正確的決定。創業已經夠辛苦了，有一個專業又願意陪你走一段的夥伴，真的很重要！

新創居，大不易

創業已經夠燒腦了，結果找個辦公室竟然也能這麼傷神。

當時心意連正準備轉為全職運營，我開始在臺北為它尋找一個能落腳的地方，但因為時間緊迫，資源有限，我並沒有打算找需要額外添購傢俱或裝潢的辦公室。

很多朋友問我：「為什麼不考慮用共享座位？」

確實，對於個人創業者來說，共享座位是不錯的選擇，但心意連的團隊裡有女生，女生的家私（東西）就是比較多。而且，也許這種想法是比較老派，但我總覺得有個固定的專屬座位，可以放點自己的小物件、筆記本，甚至貼幾張便利貼，對公司的向心力也會比較好。共享座位雖然靈活，但少了點歸屬感，而心意連，終究是一個要長久發展的團隊，因此，我開始鎖定各式共創空間、共享辦公室、商務中心想幫心意連找個合適的窩。

不知從什麼時候開始（WeWork，是因為你嗎？），商務中心的公共空間變得越來越大、花樣越來越多，以下簡單列個幾項我印象深刻的：

■有適合個人視訊會議的電話亭；
■有超舒適的懶骨頭區；
■有滿滿設計感的開放休息區；
■甚至有擺著一張床的！

然而，當我帶著滿滿期待走進這些共享辦公室後，才發現：真正屬於「辦公室」的空間，怎麼都這麼小？更令人崩潰的是，愈精緻的共享空間，辦公室則大多沒有窗戶。我原本以為自己走進了一間新創基地，結果怎麼有點像商業大樓的精緻型倉庫？

很多共享辦公空間一走進去，真的是明亮寬敞、擁有大片落地窗，看起來令人心情大好。但當你真的走進辦公室區域，才發現——陽光全都留給公共區域了！辦公室是沒有窗戶的，如果不說還以為自己身處地下室。

陽光，果然是公共財。

當我已經對臺北各種共創空間、共享辦公室、商務中心看到有點心累的時候，一次與長久合作夥伴集英信誠財務的聊天，意外地為這場「辦公室尋覓大戰」帶來了轉機。

當時我隨口提到下午還要去看辦公室，對方當下問了一句：「你要不要看看我們樓上的商務中心？如果待在我們樓上，很近也彼此有照應。」

這句話一出來，我瞬間覺得全世界都在疼我，這種被放在心上又被當自己人的感覺，讓易感女子又感動得不要不要的。

於是，我立刻去看看樓上的商務中心，結果——空間剛剛好，不大不小，剛好適合我們！

最重要的，它有窗戶！而且陽光充沛！每天一走進辦公室，就能感受到明亮的日光，心情自然就好。此外，遠眺松山機場和美麗華，光是這個景色，就讓我一看就喜歡。

終於，找到家了。

關於公司登記，久到被我遺忘了的事

跟獅先生吃火鍋吃到一半，雖然邊聽獅先生分享他在ＡＩ世界看到的所見所聞順便給點意見已經讓五感很忙了，但還是在進食的空白時間聽到隔壁桌客人的對話，如果不是因為他們的討論很有入書的價值，我絕對不會揭露我平常的興趣是坐在咖啡廳裡進行社會觀察的。

隔壁是兩個年輕男生，似乎是要合資設立公司，但目前是用個人帳戶收款，因此在討論公司帳戶跟個人帳戶要分開。討論得熱火朝天，結論是「我們等等去刻公司大小章，然後明天去銀行開戶」。

噢不！這樣不對！

不是他們說錯什麼，是我突然驚覺——這些細節，居然是我也差點忘記過的事。

畢竟那時候我也曾經以為：「要設公司？就先刻章啊、然後去銀行開戶啊。」邏輯很直覺，甚至聽起來還滿有行動力的。但實際上這樣做下去，很有可能會白跑三趟銀行和兩次市政府，最後得到一句：「不好意思，缺文件喔。」

設立公司的流程，不是從刻印章開始的。更不是刻了章就能直接開戶的。

你得先有個市府預查、核准過的「公司名稱」，才能刻章；

你得先開的是「籌備戶」，不是公司戶；

你得先去市政府做地址預查，才能確保你報的地址能合法登記；

你得等所有資料都過關，才能從籌備戶轉為真正的公司帳戶。

所以聽到那句「我們等等去刻大小章，明天去銀行開公司戶」，我腦中已經幫他們預演了一場銀行櫃檯前被拒絕的情境劇，還有最後一句OS：「啊不是說好可以直接開的嗎？」

我沒去打擾他們的對話，畢竟創業就是這樣，每個人都有自己踩一次坑的命。但我還是決定寫下來，當成一種提醒——也提醒當初的我自己，有些事，就算你現在知道了，可能下次還是會忘。

以下是設立公司的流程（以有限公司為例，實務順序）：

1. 公司名稱預查（經濟部商業司網站）
2. 刻章（標示籌備處）→名稱預查通過後才能刻
3. 開立籌備戶（帶公司籌備處的章、負責人章、預查文件）
4. 市府地址使用預查／核准函（確認地址可合法設立）

5.公司設立登記（準備所有設立文件，申請統一編號）

6.再刻一個沒有標示籌備處的公司大章，將籌備戶轉正式公司戶（帶設立核准通知至原銀行）

7.稅籍登記（國稅局報到）

8.發票申請／電子發票開通（如需）

你發現了嗎，有一顆章註定是要浪費的：「〇〇有限公司籌備處」。它短暫地存在於這個世界，只為了開一個名為「籌備戶」的帳戶。設立登記完成之後，它就會光榮退休，靜靜躺在某個文件櫃的角落，等待哪一天你搬家打包文件時，發現它還躺在夾鏈袋裡，印面上還留著第一次按章時的紅色墨水。

那顆刻著「〇〇有限公司籌備處」的大章，就是創業者第一顆踏出去的章——不會有人記得它，但每個公司都從它開始。

它有點多餘，有點浪費，有點被遺忘，但也非常真實。

就像我們創業之初做過的很多事，看起來沒什麼、看起來很多餘，卻都在默默鋪路。

親愛的隔壁客人，祝你們的創業之路順利開展。

原來……我是賣五金家用餐具的？

記得嗎？心意連從最初的 IoT 智慧餐盤 S 形轉彎，調整為以 App 開發為主的資訊軟體服務公司。

因此，按照邏輯，公司登記應該要以資訊業為主。

創立公司的流程，通常是先去市政府登記，這部分可以自行辦理，也可以委由會計師事務所或代書代辦。不過，心意連是閉鎖型公司*，所以當初我直接請會計師事務所協助設計章程並辦理登記，以確保程序合規。

市政府的登記下來後，還需要再去國稅局申請營業項目與稅籍登記，這才是決定「政府認定你是做什麼行業」的關鍵步驟。這部分通常建議負責人親自辦閉鎖型股份有限公司（簡稱「閉鎖型公司」）是臺灣為了鼓勵新創事業發展，於 2015 年《公司法》修法時新增的一種公司型態。和傳統股份有限公司不同，閉鎖型公司在公司治理、股份轉讓、股東權益設計上都有更高的彈性，尤其適合早期新創、共同創辦人與員工持股設計，以及引進天使投資人。

簡單來說，它最大的優點在於可以「量身訂做公司章程」，不必套用傳統公司的模板。例如可以限制股份轉讓、防止外人入股，或是設計不同種類的股份（如：有表決權但無配息，或反之），對創辦人來說是一種保護與彈性兼具的架構。

不過，閉鎖型公司也有一些限制與潛在缺點：

1. 股東總人數最多為 50 人，未來若要擴大籌資或進行多輪投資，可能會卡在人數門檻。
2. 股份轉讓需經其他股東同意，雖有助防止敵意入股，但也降低了股份流動性，對某些希望靈活進出的投資人而言較不友善。
3. 無法公開發行股票，若未來有 IPO 打算，必須轉為傳統股份有限公司，涉及額外程序與成本。

總之，閉鎖型公司非常適合處於早期階段、希望股權與決策權控制度彈性高的新創團隊，但若未來有明確計畫要走向上市、股東人數擴張或引入多方法人投資，則需要預留轉換公司型態的準備與成本。

理，因為到時候還得去國稅局領發票、設定稅籍等，而這些細節會影響到公司日後的營業行為。

當時，我理所當然地想著：「我們有登記資訊軟體服務業，所以應該沒問題吧？」

於是，S形轉彎之後，我的注意力只放在確認市政府的公司登記是否需要變更，卻忽略了國稅局那邊的營業項目是否有正確登記。

某天，我看到數位發展部（數發部）可能會推出補助計畫，適用對象是資訊軟體相關業者。

心裡暗自竊喜：「這不就是我們嗎？」

於是，我立刻打開數發部的官網，翻閱過去兩年的補助案，希望從中找出補助規範的蛛絲馬跡，以便提前準備申請資料。

這時候，我在「常見問題」裡看到這樣一條規定：

「公司是否符合J582、J62、J63的行業分類？請至財政部稅務入口網的『財政部稅籍登記資料公示查詢』頁面，輸入統一編號查詢，登記營業項目數字前碼須為582、62、63。」

我心想：「咦！我從來沒想過，還是來查一下好了。」

於是，手指飛快地輸入了心意連的統編，按下查詢。

不查不知道，一查嚇一跳。

螢幕上大大地寫著心意連的登記營業項目——「基本金屬批發、未分類其他家用器具及用品批發、陶磁器皿與餐具批發」。

？？？

原來……我是賣五金家用餐具的？

回想起兩年多前，我站在國稅局櫃檯前，一本正經地跟承辦人解釋 IoT 餐盤的概念：

「我們的產品是一款智慧型聯網餐盤，搭載 IoT 技術，能夠幫助使用者精準記錄飲食數據，並透過 App 進行分析……」

承辦人聽著聽著，點點頭，然後開始動手輸入營業項目。

而我，當時還滿心信任地覺得：「應該沒問題吧，畢竟 IoT 也是科技產業的一部分。」

結果現在看來，這位承辦大概是這樣解讀的——

「喔，你們賣的是餐盤？那應該是『餐具批發』。」

「還有五金材質的？那應該要掛『基本金屬批發』。」

「聯網設備？沒關係，還是餐具。」

國稅局的邏輯太強大了，我甚至有一瞬間開始懷疑——我該不會真的有賣五金餐具吧？

一家資訊軟體公司，就這樣被國稅局判定成了五金餐具批發商。這樣可不行啊！除了會影響到我們未來的政府補助資格外，在政府的認同中，我們是傳統批發業，投資人也可能會對於我們的業務範圍感到困惑，這必須改！

所以，又開啟了新一輪的公司變更登記流程。

現在的心意連，終於回歸正軌，正式登記為「其他電腦程式設計、其他軟體出版、其他資料處理、主機及網站代管服務」。

創業的路上，每一關卡都充滿驚喜（與驚嚇）。

各位創業者，請一定要記得查查自己的營業登記，免得哪天發現自己莫名變成「五金行老闆」。

銀行履約保證金保證函

那天朋友打電話來，語氣有點狐疑地問我：「欸妳知道什麼是履約保證函嗎？我拿到某個創業補助，但他們要我準備這個……還有一張一模一樣金額的支票？」

我一聽完整句話，腦袋裡馬上浮現幾年前在沛米申請到某個中央補助時，那張打了兩家銀行電話、跑了三家不同分行，還各方請託，費盡千辛萬苦才拿到的履約保證函。

「噢，我知道，」我回答得有點冷靜過頭：「你有熟識的銀行嗎？公營銀行尤佳。」

臺灣的創業補助，無論是中央還是地方政府的，只要金額超過某個門檻（甚至有時根本沒門檻而是一概要求提供），幾乎都會要求兩樣東西來「確保你不會捲款潛逃」：

1. 銀行履約保證金保證函；
2. 一張等額支票。

光是聽這兩個詞，就已經讓人覺得喘不過氣來。但你仔細一想就會發現——咦？所以我要先提出「補助金額的兩倍資本」來證明我值得擁有補助？

來，我們整理一下。

申請補助的目的是什麼？是為了讓資金不足的公司、剛起步的新創，可以借助一點公部門的資源撐起來。

結果我為了這筆補助，要先去拜託銀行幫我開履約保證函。銀行當然不可能白白提供保證，他們會說：「那你有沒有授信？你提供什麼抵押？還是你要交一筆保證金？」

好，就算我熬過了銀行這關，補助單位還會再說：「再麻煩你開一張跟補助金額相等的支票喔，正本喔，會鎖在我們這邊保管。」

所以換句話說，我先準備一百萬，才能爭取到政府補助我五十萬？

更荒唐的是，有時候你已經拿到核定函、為了達到每一期的ＫＰＩ已經開始動工，但履約保證函和支票都沒準備好就不能撥款。於是那段時間的你，會同時是：

正在進行專案的人；

需要養團隊的人；

在跑銀行求證明的人；

同時也是個中華民國委屈巴巴的可憐人。

我相信制度設計者一定有他的理由。或許過去真的有人拿了補助跑路、帳不清楚、成果不到位。

然而制度應該是用來管理風險，而不是先假設每個人會出事。

特別是對新創來說，一筆補助金可能真的就是我們產品往前推一步的關鍵。當創業者必須用兩倍資金去證明「我沒有要跑路」，其實某種程度上也默默排除掉了我們之中真正需要這筆錢的人或者團隊，因為他們沒有現金、沒有抵押、沒有銀行授信，也寫不出漂亮的存款證明。但他們有產品、有計畫、有熱情，還有一群正在等他們解決問題的使用者。這些，在補助表格上沒有一欄可以填。

其實我沒有覺得這些機制全然沒道理。

在一個資源有限、需要問責的公部門體系裡，建立基本的防弊機制是應該的。但問題是，當這些機制預設你會出事、預設你會說謊、預設你沒能力的時候，它就不再是在幫助創業者，而是在嚇阻他們。

它逼著你要先證明你「夠格被相信」，而不是先相信你「值得被幫助」。

更現實的是，新創哪有時間跟你證明自己沒問題？我們的時間是在趕開發、談客戶、抓現金流、安撫夥伴信心、應付 bug 和實驗失敗，但我們卻還要挪出半天時間跑銀行、補切結、去印章行蓋文件、等承辦單位蓋章、處理紙本掛號寄送，一關一關彷彿在過RPG任務。

這個制度不是沒有用，它只是過於用力地向創業者索求「證明你不會出錯」的保證，而不是去看「如果你有機會，是不是可以創造一些什麼」。

文章一開篇提到的朋友，氣急敗壞想找我一起去跟議員陳情這個不合理的機制。

我婉拒了，跟他說那不是我的方式。

我的方式是寫入書裡。

我們有自己改變制度的方式跟步調，我們都想改變制度，只是我們也太清楚制度通常改得比我們公司還慢。但也許正因為如此，我們才更該把這些細節記下來。

不為了吵，為了記得——

不是每個被卡住的人，都是因為他準備不夠；有時候，是因為制度沒準備好相信他。

如果有一天，這個流程可以少一張支票、少一個蓋章、少一次「你有授信嗎」的懷疑，或許就會多一間公司留下來，多一個人願意再申請一次。

那就夠了。

想節稅啊？來不及的高風險新創認定

我也是沒想過，怎麼那麼多事我都能寫進書裡。

你有看過每年五月的個人綜合所得稅試算表嗎？我每年都很認真看這張表，深怕有什麼我能再節稅的部分被政府漏掉了。

從二〇二三年起，我每年都盯著那項「投資高風險新創事業抵減綜合所得稅額」，但上網查了一下，要持有投資滿兩年才能報，所以我盼星星盼月亮盼太陽，一直等著二〇二四年十二月過後的，心意連成立滿兩年的日子。

然後，在二〇二五年開開心心準備報稅的時候，發現所謂「高風險新創事業」，要在成立的兩年內提出申請。

我，好想哭。

這個制度的設計很美好。它希望鼓勵個人把錢投進早期新創，透過一種叫「投資高風險新創事業」的扣抵方式，讓你在持有公司股權滿兩年後，最多可以將當初投資金額的百分之五十，從你的綜所稅裡抵掉。

講白話一點就是——你投一百萬給新創，兩年後報稅時，可以少繳五十萬稅金（當然前提是你有賺這麼多）。

聽起來很棒對吧？我當時也這麼想。但，問題來了。

你要在公司「還沒滿兩歲」的那段時間裡，去國發會（或相關主管機關）申請那個「高風險新創認定」。然後投資人必須在那段時間內把錢投進去、持有兩年，等到兩年後才能報稅抵減。

看起來沒什麼，但實務上會發生什麼事？

大部分的新創（例如我），好不容易撐過兩年，興高采烈研究這些優惠制度；然後你打開網頁，點進申請表單，正準備大展拳腳時，看到那句關鍵提示：「公司須於設立兩年內提出申請」。

然後你瞬間懂了：

你得早就準備好要成功，才有資格申請讓你成功後可以抵稅的東西。

但說穿了，公司成立的四十八個月之內，哪間不是高風險新創？為了活下來，有多少創業人士是兢兢業業過日子的？誰會先想到要節稅而要先去申請「高風險新創」？

好的，可能真的有吧！那這篇就當我是市井小民的無意義怒吼。

除非我是創業老手（我已經是號稱連續創業家的女子、這是第二間耶！），有熟識到能玩轉報稅機制的會計師，不然，誰知道啊！

我很能理解制度設計者的出發點，他們想要鼓勵「早期投資」，也為了防弊，所以設定了必須持有超過兩年。

但這整套邏輯對一間草創期的新創來說，就像是：

「我們要在你剛學會走路的時候，就要你先決定未來要不要跑馬拉松，而且還要先報名，錯過就沒了。」

我後來很想笑，因為這種事完全符合創業日常的荒謬感：你不是真的做錯什麼，但你「太晚知道規則」，就等於沒參賽資格。而我們還是得乖乖報稅，乖乖看那一條條無法抵減稅額的說明*，然後告訴自己：

沒關係，這是我們國家對高風險新創事業的另類「篩選機制」。

重要的事再說一次：什麼是「投資高風險新創事業抵減所得稅」？這是一項政府設計的稅賦優惠制度，鼓勵個人投資早期新創公司：

- 只要投資人持有新創公司股份滿兩年，就可在報稅時申請抵減最多 50% 的綜所稅額；
- 但前提是—這間公司必須在「成立未滿兩年內」向政府申請並獲得「高風險新創事業認定」；
- 錯過認定時機，即使條件都達成，也不能抵稅。

文中提到「高風險新創必須在設立兩年內申請，否則投資人將無法享有抵減資格」，是根據當時的法規所寫。到了2025年4月，《產業創新條例》第23-2條完成修正，將新創設立年限從「兩年內」放寬為「五年內」，同時也降低了投資門檻、拉高了抵減上限。

感謝法規的補修，「雖遲但到」——不過對新創來說真的很累人，在往前衝的同時也要時不時要回頭檢查規則是否有調整。但好消息是，我們終於也有機會去申請看看，看能不能為自己，也為接下來的投資人，爭取一點能握在手裡的合法好處。

不是每個人都會被祝福，但也不是每個人會被通知自己已經錯過祝福。多繳的稅就算了，把過程寫進書裡，當成我送給其他新創的一點小祝福吧！⁂

CH2
方向失衡區

——看著別人的成功，懷疑自己是不是走錯路

你知道自己已經很努力了，但還是忍不住看向別人那條看起來比較平順的路。
這一區是迷宮、是歪斜的地板，是不小心踩到了坑，卻看到遊戲公告對手在另外一個地圖取得某個高光時刻的失落。
也許你沒走錯路，只是還沒走到對的 checkpoint 而已。

S形大轉彎

現在來仔細說說我們的S形大轉彎。

經過前次被投資人點醒「不要舉著專利大旗就認定是唯一解方」，加上先前聽過的「使用者真的需要知道那麼精確的數值嗎？」我心中那個略帶憤世嫉俗的詹逑親氣噗噗地想著：「那你們每天走幾步路真的需要那麼精確嗎？你們願意花上萬塊買智慧手錶手環耶！吃下肚的東西你們倒是不計較了？」悲傷五階段，此時進行到憤怒。

然後，開始討價還價：「但我跟硬體商討論的設計是組合式的，就跟保溫杯差不多大小，這樣應該可以提高消費者帶出門的意願吧！」實際上自己也知道，問題不在大小，有心帶出門的話 Stanley 不鏽鋼杯大家還是帶得很高興，所以很快速地進入了沮喪階段。

我足足沮喪了半個多月。

其實未必想不出解法，而是提不起勁去思考，好不容易當上了發明家，但擁有一個無法商轉的發明對上孖魔羯座的女子而言，再這樣下去，原本的人生之巔或許即將變成傷心莫再提的往事。

直到有一天，我在教朋友用 iPhone 中的「測距儀」量家具的高度，一時靈光乍現：「如果！我是說如果！如果我可以先量測食物容器的尺寸，再用ＡＩ識別及推估食物的分量，這樣是不是可以得到一個參考值？」

接著，這個晚上腦子就再也不是我的了，腦內開始自動跑出以下劇本及對話：

「這樣不就解決了攜帶上的問題？在家或辦公室還是可以用 IoT 餐盤來做精

準測量，但外出吃飯時，用手機掃描就好。即使不夠精準，但總比完全沒有記錄來得好吧！」

「這樣也不用擔心忘記帶餐盤出門就沒辦法記錄的 data loss！」

過去的幾個階段在此時變成了「啊！怎麼現在才想到！豬腦耶！」的自嘲，彷彿之前那些死胡同，全都是自己給自己挖的坑。

其實問題從來不是「這個世界需不需要準確的數據」，而是「有多少人願意為了這個準確度做額外的事？」與其糾結 IoT 餐盤的攜帶性，倒不如反過來想是否能換個方式，讓記錄變得更順手？

雖然，我不知道這樣寫會不會被真正心理專業的朋友批評過於武斷，但是我個人想法是到此時，我正式從「悲傷五階段」的沮喪階段畢業，準備進入最後的「接受」階段——接受「創新」這件事，本來就不該是死守著一個點不放，而是隨時保持彈性，不怕改變方向，不怕推翻自己的想法，甚至不怕承認：「對啦，當初就是沒想那麼多啊。」

於是，我坐回電腦前，開始寫下一個全新的計畫。唯一的修正是我不再執著於「IoT 餐盤必須是唯一的解方」，而是要讓記錄飲食變得真正無痛、真正簡單、真正融入日常。這一刻，我終於不再被「發明家」這個身分綁住，而是真正開始思考「使用者到底要什麼？」——而這，或許才是創業的核心。

轉彎，超難

我是真的很喜歡餐盤的想法。

它不是市售現成的組裝拼貼，而是我一手催生出來的 IoT 設計；不是純粹硬體，也不是單純 App，而是一種混合式的嘗試，一種「如果可以用更自然的方式把健康變成日常」的具體承載。

雖然除了初期的電路嘗試、諮詢硬體製造廠商並花一些錢做硬體設計之外，並不算真正投入了很多資源，但在 maker 嘗試電路透過藍牙在 App 中呈現出數值時，我還是有一種創作者的激動：這不只是餐具，這是我想做的事的具象化。就像你腦中盤旋了好久的某個模糊概念，突然成形了，有觸感、有亮光、有未來。儘管那真的只是最陽春的原型，材料也都還是在光華商場買來的。但正因為有過那個激動的時刻，我有好一段時間完全沒辦法從心裡接受有人說它不好。

（對，這也是我開始懷疑我是不是不適合生小孩的原因之一——我應該會是個超級護短的媽媽。）

但的確，我沒有辦法回答那個關鍵問題：

「使用者真的會願意帶實體餐盤出門嗎？」

在這個問題面前，「什麼材質」、「能不能進洗碗機」之類的這些都只是枝微末節了。

我後來常常想，選擇先放下 IoT 餐盤，並不是因為它不好、不值得，或我不相信它能帶來改變，而是我終於承認了一件事：

現階段的我，沒有足夠的資源去教育這個市場。

承認，不代表就能睡得著；恰恰相反，承認這件事代表的是好一陣子的助眠藥量加重。

直到我想通了一件事：創業的關鍵是創造「從來沒人做過的東西」，但做下去才慢慢學會，創業的本質其實是「能不能幫最多人解決現實問題」；從來沒人做過的東西，如果沒人用，還是沒價值的。

現階段無法一步到位，那我們分段完成。

我把重心轉到App，把技術聚焦在使用者隨手可及的裝置上，用影像辨識＋容器估算＋行為介面設計去完成「無痛飲食記錄」這件事。先解決記錄行為，再拉回來補上精準性與硬體整合，未來有一天，我們會再把硬體推出來，作為完整生態系的一環。

對一個上升魔羯來說，這種「暫時放下、之後再回來做更好」的想法其實還滿符合我的本性——該做的事，不是不做，只是要找對時機。而那時候的我，決定轉彎時心裡其實已經默默下了一個決定：只要我還在做這間公司，IoT 餐盤就不會只是個原型，它總有一天會回來，跟心意連 Healthy Plate 一起完成我們的那張願景藍圖。

當然，轉成 App 不代表路就好走了，還是時不時會問自己：「市場真的存在嗎？會不會其實只是我自己想多了？」

我開始進入一種懷疑又硬撐的狀態，一邊說服自己相信使用者，一邊又忍不住懷疑自己是不是在做一個根本沒人要的東西——對，藥量絕對沒有減輕。

我們轉彎了，變得更輕、更軟，但不代表就此被看見。那段時間的我，有點像一個在迷霧裡走的人，眼前沒有指標，也看不到別人——只能咬牙走下去，心裡默念著：「我相信這件事有意義。」

直到某一天，我發現——市場裡，出現了我的競爭對手。真正的競爭對手。

有產品、有用戶、有變現能力，甚至開始被媒體報導的那種。

我居然感到一種從未有過的安心感：太好了，不是只有我一個人覺得這件事值得做。

17歲，上了富比世的競爭對手

如同前面提到的，我一直不諱言心意連是被競爭對手救回來的一家新創。如果不是幾個相關競品的用戶數來幫我確認了市場確實存在，我可能真的無法下定決心踏上這條路。

我一直很想深入了解親愛的競爭對手。然後，那一天，我在 Forbes 上看到了一篇文章，標題簡單到不能更直接：

"Meet The 17-Year-Old CEO Behind A $12M AI-Powered Nutrition App."

我以為我看錯了。

17歲？一千兩百萬美元的估值？AI營養應用程式？我熟到不能再熟的那個競爭對手，17歲？

我當下的感覺有點難形容，是一種「突然之間世界被放大十倍」的震驚——我一直覺得我們彼此在拉鋸的賽道上，而對面那位跑者，居然還是個高中生？

他在創辦這個產品的時候，應該要準備申請大學吧？法律上他未成年吧，可以合法註冊一間公司了嗎？更不想面對的是，我的年紀可以當他媽了！

其實真的沒什麼好酸的——英雄出少年，就是這麼一回事。我真心佩服他，能在17歲就把一個產品做起來，還被世界級媒體報導，已經遠遠超過大多數創業者一輩子能做到的事。更別說他還邊上課邊寫程式，我在他IG上看到一張照片，遠方是老師、前方是還在coding的電腦。

但我一邊震驚，也一邊想——

那我呢？我是不是走了很多彎路？是不是太慢？

仔細想想，好像也不是。

我曾經共同創辦沛米，經歷過各種產業的數位轉型、經歷了許多不同的專案，當時作為COO，我幾乎參與了所有營運細節，也練了各種能力——流程設計、系統分析、談合作、Presale——每天都在實戰裡磨。後來我選擇離開，從零開始創辦心意連，想要試試看，也證明看看有沒有可能打造一間真的屬於自己價值觀的公司。

我們這段日子，一步一步做了很多別人看不到的事。不是把食物照片貼給AI就可以說是「AI-powered」，我們認真做了使用行為上的探討和分析、實際和大學教授合作做資料庫，只是因為我們知道，「看起來聰明」和「真的有用」差得很遠。

我看得出來，那位17歲創辦人的產品，有些地方還藏著涉世未深的痕跡。例如他的 privacy policy 跟 terms of service 看起來應該是用 generator 生成的，很多段落邏輯斷裂；網站上標榜準確率超過百分之九十，但底下其實沒有任何公開驗證數據或實驗方式。這些事情，早晚會被問到的，但我相信他也會在過程中學到。

所以當我看到一位17歲的創辦人站上世界舞台的時候，我當然震撼。但震撼過後，這些細節也提醒了我——我的這些繞路、轉彎、反覆思考與選擇，沒有一段是白走的，有些路，也是沒辦法快走的。

有些競爭對手，會讓你更想成為你自己。

我雖然不年輕了，但我希望過去走過的路能讓我走得遠一些。當然，未必有一天我可以跟他一樣登上世界級期刊，但順順地打磨出心目中的產品、能完成我們現在的設定的目標——「亞洲第一、女性首選」，足矣。

而他，17歲有著這樣的起點，未來一定可以很好！也許他不會知道，在遙遠的東亞小島上，有個年紀足以當他媽媽的姐姐（不管，我是姐姐），正默默地關注著他。而他，也在某個層面，悄悄改變了這個姐姐的一生。

謝謝他。

為什麼他可以進Y Combinator！

其實創業最難調適的心態，是不平衡感，或許人生也是，但人生這個議題太大，今天這篇先以創業為主就好，畢竟這本是我的創業日記。

「人比人氣死人」，這句話背後不知道聚集多少冤魂的先進經驗，但這句話絕不是用在「人比人」之前，而總是在即將身亡的前夕，腦中浮現這句話以前輩們的話來安慰自己，別比了。

平常總是在不同的旁人口中聽到各種令人羨慕的故事和創業歷程。有的在父執輩協助下，部署場域直接以百計，儘管商業模式大家都想不通；有的在創業中還可以到海外放假，把公司放置 play 數個月但公司自然運行，依然，大家都想不通。但所謂的大家，是成團取暖的一群人，說我們眼紅也好、哀怨也行，得到部分溫暖就可以回到既有的軌道上持續前行。故事嘛，聽聽就好與我們其實無干，資源就是實力的一部分，新創世界兄弟（對，四海之內皆兄弟）登山各自努力。羨慕的情緒難免，但也知道那是別人的起點、別人的劇本。

雖然，有時候在看到競品進了號稱新創聖殿的 Y Combinator，心裡還是會有點刺，發自內心不明白到底憑什麼，洗乾淨的舊瓶裝舊酒還不管原料地被選上，而我們認真扎根於解決根本原因、具有新作法採用新技術的，卻還在這裡苦苦掙扎，Y Combinator 拒絕信收了三次。

直到我看到了這個計算機，才終於明白原來對矽谷加速器／創投來說，成功機率是可以量化計算的：

Venture Capital Calculator (https://foundrs.com/venture-capital.html)

點進去你會看到一組問題，然後，或許也是非常不意外地發現——這世界的遊戲規則從來就寫在別人的說明書裡，只是我們以前沒機會拿到。

來，幫你們唸幾題：

「你每週成長率有超過百分之十嗎？」

「你現在有至少一個願意付費的用戶嗎？」

「你的產品有上過 TechCrunch 或 ProductHunt 嗎？」

這一個部分其實我覺得跟產品本身有關，必須的。沒有週增百分之十，可能就不夠 sexy。沒有付費用戶，嗯，那就是理想而已。沒有媒體曝光？哦你必須非常努力。

接下來這一段才是讓我微微握緊拳頭、神經一路繃緊到腳趾的主因：

「你畢業於史丹佛或哈佛嗎？還是你在 Google、Facebook 工作過？」

「你有那種能賣冰給愛斯基摩人的魅力嗎？」

或許，你們看到這邊會覺得，這些題目很正常，這些人就是代表成功機率比較高。我真的非常建議你們去按按這個計算機，現實的不是題目，而是每一題配分的比重。

「你畢業於史丹佛或哈佛嗎？還是你在 Google、Facebook 工作過？」這一題的配分超過「你的產品有上過 TechCrunch 或 ProductHunt 嗎？」而「你有那種能賣冰給愛斯基摩人的魅力嗎？」一勾選就直接得到基礎五十分，但這個卻是我們人處臺灣，不是 native speaker 最困難的事。即便已經很努力練習英文口說，在無法談笑風生輕鬆應對各種問題的狀況下，先天就少了一半的分數。畢竟，面對問題可以實問虛答、說個笑話、簡單舉例就能化解各式尖銳問題——這才是所謂的魅力呀！

說明書拿到了，或許，也可以理解前述那個我真心不明白為何ＹＣ*會選擇的競品新創了。

不甘心，但也只能更努力，對吧！

* Y Combinator（簡稱YC）是全世界最知名的新創加速器之一，成立於 2005 年，總部位於矽谷。曾經孵化出 Airbnb、Stripe、Dropbox、Reddit 等改變世界的公司，也因此被稱為新創界的「哈佛」，也是許多創投基金的「信任濾網」。

CH3
團隊連線不穩區

——創業就像打團戰，但有人會中途掉線

創業無法單排，但也不是每場團隊戰都能打得漂亮。
這一區關於信任、關於離開，也關於那些你以為會陪你走到最後的人，怎麼在某天安靜地斷了線。
你會傷心，但你也會繼續前進。

心意連入厝日

那一天，我在心意連的辦公室大哭。

還好夥伴們還沒 on board，整個空間只有我一個人。不然要是有人推門進來，看到這間新創公司的負責人對著窗戶紅著眼睛流淚，可能會懷疑這間公司是不是還沒開始就先迎來危機。

別誤會，沒那麼快崩潰的，這只是讓我確切感受到某種重量實實在在落在肩上的時刻。

心意連的入厝日，應該是一個值得慶祝的日子，但這一天的情緒，遠比我預想的還要複雜得多。

因為這一天的早晨，我剛參加了大表哥的告別式。中午前，我還站在告別式會場，跟家人一起送別親人；下午，我回到臺北，趕去行天宮拜拜、回家洗澡，然後趕在吉時入厝。

一天之內，見證了一個結束，一個開始。送別的是親人，迎接的是未來，而我站在這條分界線上，感受到的一種難以言喻的沉重感。

大表哥，你到天上了吧！你見到秀連了嗎？

匆匆忙忙奔波了一整天，在位置上坐定後，終於可以鬆一口氣，但我的情緒卻突然好滿好滿。

心意連的名字來自秀連、來自憶連，來自對秀連這份不會消失的記憶與牽掛。

也不知為何，腦中浮現出秀連曾說過的一句話：「病遲遲醫不好，只有方向不對，或藥用得不夠好。」這句話，在過去的某個時間點，只是個醫者的信念，為了減少不確定的因素，堅持用藥用最好的。但今天，在這間新辦公室裡，它好似變成了個提醒，可能與創業無關，而是如果秀連曾是這麼一個仁心仁術的醫者，承載著她名字的公司，不能偏離正軌。

對，命名的時候我很任性，一個人直接就作了決定。

但從今天開始，心意連不是我一個人的事了。

我的哥哥相信我，加入的夥伴們相信我，他們選擇站在我身邊，選擇相信心意連。

如果說之前的我，還能以「這是我的夢想」、「這是我的選擇」來定義這段旅程，那麼現在，我終於意識到，這不只是我的事情了，這是一份責任。

我給不了創業成功的保證，也沒有足夠的安全感能夠篤定地告訴大家走哪條路一定對，但他們還是選擇相信我能帶領這間公司走向未來。

坐在這間辦公室裡感受到的是好多好多的責任，對這些願意相信我的人的責任，對這個還在成長的團隊的責任，對心意連這個名字的責任。

這些責任不只是來自過去，它還會持續到未來。

這一天，當我站在這間辦公室裡，我知道自己沒有回頭的餘地了。壓力會一直在，未知會一直在，但我也清楚，沒有任何人要求我一定要成功，我唯一需要做的，就是無愧於那些選擇相信我的人。

這條路還很長，也還有很多挑戰，但至少今天，我為自己、為故去的人、未來的人、為心意連，找到了屬於我們的第一個家。

從這裡開始，走向更遠的地方。

謝謝你們，跟我出來

這篇，寫在尾牙當天。

心意連的第一次尾牙，就算加上part-time工程師其實也只有小貓三、四隻，想要個能熱鬧一下的包廂還真是不容易，幸好突然想起常去的清酒餐酒館「酒桃Sake Momo」內新設了包廂，如果再邀幾個今年沒有尾牙可以熱鬧一下的朋友，好像也是挺美好的。

所以湊了八位從沛米時期一直到現在的前同事、朋友們，喝了點酒，看著這心意連之友們唱歌、喝酒、刮刮樂，想起這幾個月的每個畫面，其實有些感慨。

幾個月來變化太大，從決定離開沛米，到心意連正式營運，作這個決定時，我不知道熟悉的人們會不會對我抱有期待，畢竟創業本來就是自己的選擇，沒有人有義務陪我一起冒險。

但 Eva 跟 Felaray 都是聽到我要離開沛米就毅然決然跟我離開的。

Eva，當年初見面是在資策會前端班的結訓發表會，說話輕聲細語、有著軟軟柔柔語調的新鮮人，如今是一個孩子的媽，但還持續在前端的領域上耕耘，連續參加兩年的 IThome 鐵人賽，那個毅力非常人所能及，這些年，我何其有幸能陪在她的身邊。

Felaray，直線條大老粗跟細心暖男並存的矛盾靈魂，曾經拿過微軟ＭＶＰ（最有價值專家），也在二〇一六年 DevDays Asia 以 Solo 身分參賽受到眾人矚目，而後才被找到沛米的一個自由派主義 Geek。

新創的世界，充滿了未知與挑戰。在一間公司還沒有站穩腳步，還在摸索市場、還在修正產品的時候，選擇加入，意味著要面對更多的不確定、要承擔更大的風險。

他們兩位本來可以選擇更安穩的路，但他們選擇了心意連，選擇了相信我。相信，代表願意，但不代表能夠適應新創的步調。

只是，出乎我意料之外地，他們似乎沒有什麼適應問題。

兩個MBTI分類為妥妥I型的人，陪我去參加數位時代辦的 Meet Taipei, and meet the crowd 這場新創圈的年度盛事，面對絡繹不絕的觀展人潮，跟陌生人主動介紹產品，對內向者來說簡直是體力與精神的雙重挑戰。

活動前，Eva 想了各式各樣的文宣設計，但咱們小公司剛起步，錢要花在刀口上，實在無法大手大腳在展場活動上花錢。感謝有經濟部中小及新創企業署的補助，即便資源依然有限，Eva 仍然用實力證明了只要有能力，資源不是問題，以「春夏秋冬」四季主題書籤及手機擦拭貼成功讓 Meet Taipei 的觀展來賓發出陣陣驚呼：「這好美！」、「這也太精緻了吧！」

Meet Taipei 活動為期三天，我們就站了三天。

第一天，我觀察到 Felaray 面對路過的人潮，臉上帶點尷尬的表情，我幾乎可以從他眼神裡讀出：「拜託你們不要停下來，不要跟我對到眼，我真的不想跟你們說話！」到後來，他會站到前面去招呼那些對我們產品有點好奇卻猶豫不決的觀展者，這個變化，讓我有點震驚也有點感動。

創業呀，是一條沒有明確路徑可走的路，我們都在摸石頭過河。而對他們來說，不像進入大公司，按照職位安排完成工作，進入新創而更像是一場充滿變數、武器糧食時不時還會補給不足的冒險。

新創的世界裡，沒有什麼「這不是我的工作範圍」，更多時候是「這件事現在沒人做，那我們就來想辦法解決」。剛開始，我並沒有期待他們能完全適應這種步調，畢竟這不是所有人都願意承擔的節奏，但他們適應了，甚至做得比我預期得更好。

尾牙上，看著他們，愛哭的我需要很努力忍住讓眼眶不要泛紅。

謝謝你們，跟我出來。

關於股權、承諾，和失去的朋友

二〇二四的最後一天，畫下了難忘也百感交集的句點。

在心意連前期，剛拿到專利的我開始讓身邊的人知道我有開公司的想法，很多朋友都有給不少意見。

待在硬體公司的邱押著我：「走！我跟妳說！要做硬體就要拉BOM表，我帶妳過一遍成本！」我們紙上談兵地算了一輪，聊得熱火朝天。

百敬說：「之前離開集英去創業得很成功的那位，我幫妳約時間，我請你們吃飯讓你們聊聊。」

宏碁很照顧我的B大哥跟我說：「我們有一個離職去鴻海健康事業群的同

事，我幫妳們牽個線聊一下！」

「我有跟我的健身教練聊了一下，他很喜歡耶！」

……好多好多。

而最常聽到的是：「有什麼需要幫忙的，跟我說。」

我一直覺得老天爺很疼我，我默默把這些都記下來，未來這些情誼有機會都要還的，人際帳戶有提領就要有存入。

但有一件事，我從來沒有開口問過任何人——「要不要投資？」

我們都是小老百姓，每一分都是辛苦錢，雖然投資有賺有賠這個概念應該大家都有，但有損失的話心還是會痛的。如果無法保證一定保本的情況下，我選擇辛苦一點，不拿親朋好友的天使資金。

沒想到我卻因此失去了一個朋友。

她，在初期陪我聊過很多次，二〇二四年八月確定離開沛米時，我特地找她聊聊，當時她告訴我：「二〇二五年可以加入！」

我當然很興奮，把她當成未來的夥伴，每當公司有重大進展，也會以「未來一起共事的人」的角度，傳訊息和她分享。職稱也想好了，名片甚至都印好了，但後來公司開始全速發展的時候，我慢慢發現她的回應速度其實不是新創的速度。有時，簡單討論個想法要等週末才有空通電話；有時，她會提議要不要碰面做簡報的 rehearsal，但那個可以碰面 rehearsal 時間已經在正式簡報之後。

當然！這完全沒問題！畢竟她有正職工作、有家庭要顧，她不需要也無法跟我們一樣 day in, day out 投入所有時間。

於是，我開始反省我的分享會不會造成她的負擔，畢竟她只是未來的合作夥伴。所以我默默收起了很多分享欲，分寸感是一個時時要拿捏的細節。

十二月，我正式問她二〇二五年幾月會過來，我要盤點二〇二五年的時程跟資源，屆時也要談整個package，但她跟我說「二〇二六年四月會比較明朗」。

我微微傻眼，有點失落，但，新創是個變形蟲，適應變動是基本技能。二〇二六就二〇二六，到時候還是有很多事情可以一起做。

我沒想到的是，她接著跟我談起了股權。

她期望擁有的股權比例是「CEO股權的二分之一到三分之二」，且「希望事先談好的這個比例，可以在她到職時、以現在談定的價格買進」。

現在重新回頭看這些文字，還能夠感受到那股荒謬。

其實我不是一個很計較的人，只是她提出的方式我無需細算，腦中冒出的三個字是：

「憑什麼？」

也許她並不知道，其實，只要她提出的比例跟方式不那麼誇張，或許我會同意。

她的確陪我聊了很多次、的確說為了我去買了營養師方案了解其他 App 的作法、的確曾經幫我介紹了個創投朋友、的確曾請我們吃飯，這些我都記得，就像我也記得過去有幫助過我們的很多好朋友。

但問題是，股權不是「感謝禮」。

我不僅僅是詹述親，我是心意連的負責人，現在已經有員工、未來也會有其他股東，有更多即將加入的夥伴，我不能憑一己愛惡去簽不平等協議。

接著，跨年日經歷了一番 LINE 文字爭辯。

不會有共識的，當一切已經牽涉到內含面子的利益問題。

二〇二四的最後一天，這段關係戛然而止。

我失去了一個朋友，卻學到了一課。

我慶幸自己從一開始就堅持不拿親友投資，這樣的決定，讓我少了一場更複雜的情感糾葛，也讓心意連的未來更加清晰。

未來的合作關係，還是要更謹慎才行。

CH4
懷疑自己試煉場

——你不是沒能力，只是進入了這一區

所有創業者都會走過這裡。

不是因為你不夠好，而是這場遊戲設計本來就很難。

你會開始懷疑自己的選擇，懷疑市場、懷疑一切。

但也許，真正重要的從來不是確定答案，而是你還願意問問題。

85題的靈魂拷問

新創顧問D是我在任職於前公司時在Meet大南方活動上認識的，當時沒有合作機會，殊不知連著幾個創投媒合活動碰到面之後，終於有機會坐下來聊聊近況、聊聊心意連。

聊著聊著，我才發現D能夠幫我理清好多思緒，而且更重要的是，他給的意見跟評論都很理性且客觀，雖然有時候挺sharp，但是這個sharp是我目前急切需要的。換句話說，走進投資人的場域，任何好聽話都是客套，嫌貨才是買貨人。有這個認知的心臟我有、面子已丟，但我需要有人幫我把裡子中關於財務規劃、方向及願景陳述等事情客觀整理一遍。

所以，在會談的當下我就決定要請D擔任心意連的顧問，至少，在這個階段我需要專業協助。

D反覆強調：「過程會很痛苦哦！我會有很多自我審視的 questionnaire 要妳填，這真的很痛苦哦！」

這有什麼問題！對獅子座來說，不會有事比創業失敗更苦的。

直到我看到了這85題學習單，原來比想像中的創業失敗更苦的是要你現在先打量自己，以一種從腳往上掃視到頭，「憑什麼未來是你會成功」的用力程度。

85題，我填了整整一個禮拜。

有些題目，例如幾歲，克服想要謊報的欲望只需要三秒。

有些題目，我需要起身走走深呼吸，甚至先關掉問卷頁面做其他事，整理完思緒才有辦法繼續寫。

從個人背景、起源、未來個人期望，到公司解決的問題、競爭對手、十年後展望，再到對投資人的期望、目前財務狀況……等等，沒有一題多餘，每一題都可以理解這是投資人會問到的，也是D多年經驗的累積——從這些問題蒐集到的raw material，他協助打磨出創辦人及公司最完整的樣貌。

每一題都可以理解，但內心深處那股年過三十才叛逆的靈魂卻在吶喊——「不要再問了啊！我不想說了！我不想跟你說我其實是個講好聽腳踏實地講難聽沒有夢想的人！你問了我也不知道啊！十年後我都不知道本人還有沒有呼吸怎麼知道產品能怎麼做啊啊啊！」

抱歉了D，真心話沒跟你說但寫在書裡了，希望你看完是大笑而不是想掐死我。

但畢竟我們都是受過社會毒打的人，那股叛逆總是可以在短時間被理智澆熄，回到電腦前，一題一題咬牙回應，畢竟這些都是現實，模擬考不先好好作答那就等著上考場再被電個體無完膚，我明白D的苦心也明白自己的處境。

但還是有點慶幸公司正式營運前把牙齦整理了一下，該補的補好了，暫時沒有掉牙風險。

你有什麼特別的？

所有讓我想起身走走繞繞、幫盆栽澆水、再買個星巴克——原訂外帶回辦公室卻選擇內用——不想面對的題目中，這兩題是讓我思考最久的：

「作為 Healthy Plate 的創辦人，你為公司帶來了哪些獨特的特質？」

「你認為是什麼讓你特別適合在健康科技領域中成功？」

在臺灣大考中考過作文就知道，抓出題眼才是解題關鍵。但這兩題的題眼究竟在哪？直覺看到的是「獨特的特質」，但問題中又有著「創辦人」跟「成功」這兩個千斤重的字眼，那除了名詞之外，形容詞是哪個、副詞又是怎麼搭配的，這題怎麼回答啊?!

如果單純要我列出自己的特質，這個容易。

「理性謹慎務實開朗，樂觀悲觀不一定這要看情況會發展出不同可能。像上次某件事我就覺得不容樂觀，但做好最壞的打算就可以正面一點看待……」下略五百字，話多可能也是一種個人特色。

但是這些特質跟「心意連的創辦人」有關嗎？

還沒成功的我，可以理直氣壯寫出我認為在健康科技產業的獨特成功關鍵嗎？

我是個很好、客戶信任度很高的資訊業業務。為了把工作做好，過去十年如同被下蠱般有著注意手機應用程式、電腦應用程式、各式資訊類產品甚至ATM的操作流程的職業病。因此當我留意到一件很奇怪、明明有需求但居然沒人做的功能，大眾還在使用略顯土法煉鋼的方式解決，所以我決定來做。

這是實話，但是屬於可以說嘴的特質嗎？

這樣不加修飾，應該頂多算「當責」，是個各大公司徵才積極爭取的對象。

然而，你說這些不重要嗎？

很重要好不好！觀察力敏銳、細心、過去幾年把開發執行方式研究透澈，所以對於該怎麼設計功能、說得出每個選擇將耗費多少資源能夠立刻拍板定案。

……好的，我知道怎麼回答了。

叛逆的靈魂在自我懷疑的時候會展現正確使用方式。

只是我真的好希望我能回答「運氣好，剛好發現這個世界缺了這麼一個劃時代的發明」，就像那些傳說中的成功故事。

可惜啊！那些其實都是萬中選一的倖存者偏誤而已。

願景，Vision，一個很困難的名詞

「我不是一個擅長畫出未來、有領袖魅力的那種CEO。」

來自我跟D第一場會議討論時的對話。

這是當了十年業務的缺點，無庸置疑。

面對投資人、面對各種可能的合作機會我都會語帶保留，畢竟對於業務來說最可怕的事是無法結案，那無關業績獎金，而是愧對當初成案時的信任會讓我自責不已。

後來，在前公司的COO角色，當前面有擅長造夢築夢的CEO，負責人事跟財務的我只能專職踩剎車，這也導致我對於每一個承諾說出口前，都先評估

背後要投入的資源、時間、人力成本。

但當角色轉換成執行長，打造願景是職責所在。就像一艘船的船長，總要告訴船員跟乘客我們接下來的目的地與中間的停靠點。

我很老實地跟D說，我不擅長這件事。

我可以很用力分享為何而做、User Persona勾勒出的用戶長相、對用戶的好處、解決了什麼問題。但未來三年公司預估可以有多少使用者、五年後心意連這艘船開到哪裡了、十年後有沒有機會退休……等等的這些問題，回答的時候不帶任何心虛成分，真的好難。

我唯一可以承諾的是，我是個不會棄船自己逃生的船長，我會窮盡所有可能，帶著大家前往一個應許之地。

而這個應許之地，來自天時地利人和，也來自我每次去拜關公時能跟祂老人家說「我真的很努力從不賺不義之財只賺應得的利潤、請老人家保佑」時的抬頭挺胸。

但D在會議上很冷靜地跟我說，我不需要跟別人一樣，我可以有自己的風格。願景的藍圖還是要盡力描繪出來，接著，用時間、信心跟經驗一點一滴上色。

換句話說，不要哀聲嘆氣了。

回！答！問！題！

會有讓你睡不著的恐懼嗎？

D的學習單——沒錯，那85道問題填到後來我覺得是新創的學習單，人手皆需一張，在腦筋不清楚想創業的時候填一填，也許會覺得老闆跟同事看起來挺可愛的——中有那麼一題：

「在這段創業旅程中，有沒有什麼讓你夜不能寐的擔憂或不確定感？」

感謝現今發達的醫藥環境，在持續有去睡眠門診拿助眠藥的這幾年，有吃藥就不會睡不著。

跟開啟這個旅程無關，從開始當業務之後就開始有這個困擾了，工作到半夜如果沒有讓腦子冷卻就很難入睡；就算腦子冷卻了，半夜如果醒了腦子也會冒出隔天要做的事進而無法重新入眠。所以只好去睡眠門診拿助眠藥讓自己睡得沉一些，每天闔眼都充滿未知數，一覺到天亮是需要努力的。

吃藥也未必睡得很好，經過這十年的觀察，那似乎無關恐懼或是未知，主要來自情緒，尤其是隱藏、勉力壓下去的情緒愈多，看似平靜卻會一整個晚上夢夢相連到天邊，Apple Watch 完全偵測不到深眠時間。

大學同學婷來臺北受訓時找我吃晚餐時問的一句話讓我印象深刻：「逑親妳最近有什麼心事嗎？」看著我愣住的表情補充說明：「就是那種妳找不到人說、不知道怎麼辦的心事？」讓我彷彿瞬間回到大學女宿，那些關於考試關於人際關係關於初萌芽戀情的青澀煩惱。

都獨當一面幾年了！生活中絕大部分事情都可以很理性地判斷分析然後提出

解決方案，所以婷的問題其實我真的想不到。

生活中有哪些叫「不知道怎麼辦的事」嗎？對我來說，每件事一定都有多種解決方式，只要作好最壞的準備，然後動手試看看，我不是會坐在那裡空等的人。

但那算是沒有心事嗎？

前幾年跟高中時的輔導老師吃飯時，在她的建議下到旭立文教基金會接觸過哈科米（Hakomi）之後，一日課程成功讓我意識到自己「情緒」的存在，對於這個看似縹緲卻極有力量的名詞，是如何瞬間讓肌肉僵硬、肩頸以一種防備姿態固化、腦袋隨之退化，略有體悟，所以我盡可能不讓情緒影響到處事，該處理就處理。

換句話說，如果把事情切分成發生—處理—後續三個階段，發生的當下我盡可能縮短反應時間，不讓情緒生成、用理性腦進行處理，但處理完之後呢？理性腦暫停運作，夜深人靜也許就是深層情緒開始發酵的時間了，所以吃了藥也未必能睡得好。

看起來，剖析自己我是能手。

但該怎麼解決，不幸的話這可能是一生的課題。

可能的外部失敗因素

還記得在GPT剛出來的時候，我請它將某個人的缺點包裝一下換句話說。

「虎頭蛇尾」：「雖然我對新事物充滿熱情，但有時候我會發現自己在後期難以保持同樣的推動力。」

「過於樂觀」：「我的樂觀性格有時候會讓我低估面臨的挑戰。」

重點是「甩鍋」二字的美化版說法：「我在面對失敗時有時會尋找外在因素。」

GPT真的是內建了個天才！不帶髒字地損人讓我足足快樂了一下午（還分享給眾多好友同樂）。

創業要怎麼成功我還不清楚，但失敗卻有各種可能，所以當看到D在問卷上請我填出「可能會干擾你對於 Healthy Plate 專注度的外部因素」時，我笑了。

當然，我明白這個問題的背後是來自於D想了解我在創業這條路上，有沒有別的分心因素或是顧慮，比方說常見的結婚生子打算、健康因素、財務問題等等。

不能說我身家清白，沒有任何煩惱，畢竟填寫問卷的當下，代位繼承也讓我跟我哥正在面對無聊沒意義又冗長的家事官司（家家有本難唸的經，這個主題可以另外再寫一本書，這裡就不贅述了），但請了律師的好處就是花錢買回自己的時間，事情該怎麼辦就怎麼辦一切依法處理。

而私人生活方面，其實有時候覺得古人的「修身齊家治國平天下」這個順序真的是其來有自。只要感情較為豐沛、不打算保持單身，那創業期的感情狀況還是要維持穩定才不會有太多額外精神負擔。曖昧讓人受盡委屈，創業已經夠委屈了，不要在自己的生活中橫添枝節，有時間還是去補眠。

如果波濤洶湧輾轉反側是感情的必經過程，很慶幸正式啟動心意連之前經歷完所有關於辜負與被辜負、很精彩的臺北女子故事集，謝謝獅先生現在很穩定在我身邊承受我創業過程輸出的喜怒哀樂，辛苦他了。

持續往前延伸的人生，也許現在看來平靜無波都在可控範圍，但或許前方暗潮湧動，畢竟誰也不知道過去有沒有種下什麼因、會在未來結出什麼果，也或許這一輩子因為各種因緣得罪過的人們在未來什麼時間點集體發動反攻也未可知。

至少現在，「仰無愧於天俯不怍於人的 Emma」是我去行天宮跟關公聊天時的自介開場白。

現在還想不到的外部失敗因素，就交給關公保佑它們不要出現了。

給投資人的情書

「你心目中理想的創業者與投資人關係是什麼樣子？」

我決定寫一封情書。

親愛的，

我還不認識你，或許應該說在茫茫人海中我還不確定你會是誰。

但在眾多我看過的那些影片、書籍、甚至上過的課程中，很多人告訴我要好好處理跟你的關係，雖然我知道每一段關係都是獨一無二、來自不同的時空背景和產業領域會衍生出無數種可能，我沒有辦法參考任何先進經驗。

但我想，我們的關係也是會從陌生、初步認識、背景了解、彼此熟悉到決定攜手，這個流程是從古至今不會變的。

當決定同行，你對我或我們的未來一定有著很多期望，我也是，所以我想先寫這封信給你。

我希望我們能對彼此坦誠，尤其是對於未來目標，這是最根本的。

我理解我們是截然不同的角色，在很多時候，我們甚至是處於對立面，你有你的目標而我有我的規劃，是有幸才能碰在一起、才有機會開創一些屬於我們共同的未來，但我們終歸是不一樣的人，未必能走到最後。

我們一定會有爭執，但意見不合時，我想要將臆測的可能性降到最低，人生太短了，不要浪費在猜測對方的心態上，那太辛苦了。

如果在最初，我們把彼此的目標說清楚，過程中碰到的困難我們都可以站在彼此的立場，為對方多一點溫柔去設想，無關於你或我的主觀想法，我們就離共識愈近一點、離達成各自的目標更快一些。

互信互諒才有機會互助互利，我一直是這麼相信著。

甚至，我們可以幫助彼此達到目標，留下一個帥氣身影後灑脫道別轉身離開。

畢竟在這裡，我們從來不會說天長地久。

提到這件事在這封信裡不合時宜，讀起來也太過殘忍，但以準備好會分開的前提，或許對我們的關係更健康。旅程中人們來來去去，我們都只會是彼此的過客，但謝謝你願意出現、更感激你願意與我並肩共行一段時間。

我很期待你的出現。

寫完之後突然想到那張梗圖——「我好想跟你談一個你媽會拿五千萬叫我離開你的戀愛」。

想想嘛，只是想想，作夢是應該被保障的普世人權之一。

財務預估，就像一張完美的新年計畫表？

BP（商業計畫書）*中，有一個極為關鍵的章節——財務預估。

這部分不只是數字的堆疊，而是一場對未來的推演，需要綜合市場趨勢、競爭態勢、商業模式，來推測 Healthy Plate 在未來幾年內的發展潛力。

其中，幾個核心指標不可或缺：

> 什麼是商業計畫書？
>
> 商業計畫書（Business Plan）是一份系統性的文件，用來說明一個創業構想或企業計畫該如何運作、賺錢與成長。它通常包含市場分析、產品介紹、營運模式、行銷策略、財務預測及團隊介紹等內容。
>
> 簡單來說，商業計畫書就是讓別人（像是投資人、合作夥伴或銀行）能快速了解你在做什麼、為什麼有機會成功、以及你需要什麼資源。

1、用戶數量預估

我們需要推測未來幾年的用戶成長曲線，包括初期獲客策略、轉換率、留存率，這些數據會直接影響營收模型。

2、銷售數字

根據商業模式，計算付費轉換率、訂閱方案營收、企業合作模式的收入預測，這不僅影響募資策略，也關係到公司未來是否能夠健康成長。

3、成本結構

包含研發、營運、行銷、伺服器費用、人力成本等，確保我們的商業模式不只是看起來賺錢，而是真的能夠達到單位經濟模型（Unit Economics）正向，也就是確保每獲得一位用戶時，公司是朝獲利邁進的，而不是在燒錢。

這些數據不是憑空想像的，而是需要從市場研究、現有數據，甚至是競品的財報或商業模式來推敲。而在募資過程中，這部分也往往是投資人最關心的，因為你的商業模式要跑得起來，未來的財務結構才有機會健康發展。

所以，我也必須認真作財務預估，甚至推估出未來三年、五年、十年的里程碑，從最好的情況到最一般的發展，甚至是最糟糕的可能性。

先說，我完全理解這一切，也接受，甚至樂於去作這些預測。

但每當我打開 Excel 開始作預估時，還是會忍不住想：這跟人類每年年初寫下的新年計畫，某種程度上，意義是不是有點雷同？

年初的時候，計畫滿滿：

「今年要減五公斤！」——會健康飲食、每天運動、戒掉手搖飲！
「要存更多錢！」——少吃大餐、多帶便當、省下來的錢年底可以出國兩次！
「要打理形象！」——省錢之餘，還可以存一筆預算來買幾件質感新衣！
然後，到了三月——
減肥計畫變成了「等天氣暖一點再開始好了」；
省錢計畫變成了「有間新餐廳好像很優秀，不吃一下不行」；
最後的新衣服預算呢？轉化為一張張Uber Eats收據。

BP的預測，有時候看起來就像這樣——一切計畫都是在「最理想狀況」下的推估。
但不一樣的是，BP不是寫給自己看的，而是寫給投資人、寫給市場、寫給未來的團隊看的。

新年計畫你可以自己打自己臉，但BP的預估，卻影響著團隊、投資決策、甚至未來公司的生死。

所以，這不只是許願，而是必須在最樂觀與最悲觀之間，找到真正的可行路徑。

這也是為什麼，我還是會回到Excel表，繼續把數字填上去——因為，這場「預測未來」的遊戲，不能只是幻想，而是要真的走得到。

所以，這些類比也就是想想而已，Excel還是得打開。我要去寫預估了。

不只AI有幻覺

那天，在加速器的例行一對一會議上，業師問我：「你們目前有什麼 tractions 可以分享嗎？」

一般來說，traction 指的是一些能證明市場需求的指標——日活躍用戶、用戶成長率、轉換率、留存、付費比例……但作為一個還沒正式上線的 App，說實話，這些數據我們通通還沒有。

業師人很好，語氣也柔軟，給了一個建議：「如果沒有正式產品的數據，其實你們也可以分享早期訪談或問卷的結果，那些也可以算是一種 traction。」

……抱歉了業師，您正中我的痛處。

所謂「問卷」，就是人類集體產生幻覺之所在。

你問使用者：「請問你平常有記錄飲食的習慣嗎？」

他回答：「沒有。」

接著問：「那您覺得自己沒有記錄的原因是什麼呢？」

他可能會選三項，包含「太麻煩」、「沒有動力」、「不知道怎麼開始」。

接著重頭戲來了：「那如果我們的 App 提供了簡單好用的飲食記錄功能，你會考慮使用嗎？」

這一刻——幻覺誕生了。

人類會在此時召喚出一個未來的理想版本自己。這個自己，早睡早起、均衡飲食、熱愛運動、會使用保溫杯與環保筷。為了健康、為了身材、為了各種想像中更好的自己，七成以上的使用者在這個當下會選擇「會使用」，另外兩成則是「可能會使用」。

而我們，創業者們，看著那排「89%使用意願」的統計圖，一瞬間覺得：Yes! 市場大有可為！

那個……真的不是只有ＡＩ會 hallucinate（產生幻覺），人類在問卷裡的幻覺比ＡＩ還要有感情、有情節、有畫面！

來，我們來看看你有沒有這樣填過問卷：

「請問你平常有閱讀的習慣嗎？」

——嗯…最近比較少，但填每週一次好了。

「那您覺得自己沒時間閱讀的原因是什麼呢？」

——工作忙、太累、手機太好滑了。

「那如果我們提供一本每篇只有五分鐘、內容豐富又有深度的電子書，你會考慮每天閱讀嗎？」

——當然會！這不就是我一直在找的嗎？

來了，幻覺誕生的瞬間就在這裡。

在問卷裡，我們總是那個版本的自己：每天晨間閱讀、寫子彈筆記、看完書還能寫心得貼 LinkedIn，順便打開 Notion 整理每月目標進度。

現實呢？五分鐘的閱讀內容，第一段還沒看完就被 LINE 訊息打斷；電子書打開的次數還比不過外送 App。

所以，最後，面對業師的問題：「那你們目前有什麼 traction？」

我想了想，選擇了老實交代：「有一些早期訪談和問卷回收——數據非常漂亮。但老實說，那些數據裡有不少是『人們理想中的自己』，而不是他們真實會打開 App 的樣子。」

不是沒有 traction，是我選擇面對真正的 traction——那種之後會在 App 上線時讓你懷疑人生、在留存率可能極低時懷疑自己存不存在的那種冷冽真實。

我知道問卷可以很好看，pitch deck 也可以很好寫，但真正能撐起一間公司的，不是幾個漂亮數字，而是能不能撐過這些幻覺消退後，仍然還站在原地、願意再測一次、再改一次的人。

這就是我們目前的 traction。

不是耀眼，但夠真，就像我們不會、也沒必要對業師嘴硬一樣。

我們還是得對自己誠實的。

CH5
副本卡關區

——不一定有錯，但就是過不了

不是每個錯誤都有明確解法。
有些時候，你明明嘗試了每一種可能，還是過不了關。
這一章，是關於那些你不甘心卻也無能為力的關卡——
還有，關於你怎麼在卡關時，學會重新調整武器與技能。

關於拒絕信

你有想過一間新創，會收到幾封 Thank you letter 嗎？

讓我算給你聽：

臺北市政府新創補助、Y Combinator、500 Startups、TechStars、AppWorks、Sparklabs，有些還失敗兩次，差不多可以寫上「族繁不及備載」的程度。

格式如出一轍：

1. Thank you for applying to this program.
2. We carefully considered each application. Unfortunately, you were not selected.
3. Please don't lose heart: this is not a vote against your team or your idea.
4. We look forward to hearing about your progress next round.

到後來，收到信直接看第二段，答案會直接在那裡。

心態的變化，也從最初的低落，演變到現在的「標準流程處理」：

第一次收到拒絕信，難過到懷疑人生，開始翻BP、檢討每個細節，想知道哪裡做錯了。

第三次收到時，看完只是深吸一口氣，接著，在check list上劃掉一項任務。

第四次，打開信件只掃過第二段，內心毫無波瀾，直接點擊存檔，甚至還順手泡了杯咖啡。

這麼多次下來，已經練就絕對理性，嘆口氣之後、平靜無波地開啟ChatGPT，三分鐘擬好工整禮貌的回信。

不期不待，不受傷害，寫好文件按下送出後move on到另外一個工作，在這幾個月裡已經成為日常，但是看到新的申請案還是會開啟「申請須知」，進入下一輪的文件生成流程。

都快懷疑自己成為某種機器人了，數位轉型最成功的案例是自己。

那天，看到一個新創好朋友申請到了北市府的研發補助，很替他開心，傳訊息恭喜他也想問問一些先進經驗，但他的反應非常冷靜，甚至帶點無奈地回我：「你還早啦，我失敗三次才申請到，同行還失敗四次。」

原來呀！我才失敗一次就想去行天宮找關公哭訴的行為果然還是太嫩了。

寫到這裡，我也不知道未來還會收到多少封拒絕信。但有一件事，我已經看得很清楚：

「創業」這個詞，總是被形容得光鮮亮麗，總是跟「勇敢」這類光明的詞彙連在一起，讓許多人前仆後繼地投入。

但真實世界的創業，往往是把自尊與面子按在地板上摩擦。

你要習慣被拒絕、習慣無回應、習慣在期待與失望之間來回。

而你要知道，那都只是過程，與你、與你想做的事無關。

這句話，不只是寫給你看，也是我每天跟自己說的話。

總是會收到 invitation 的。

機會都在那裡、資金跟加速器都是，所有資源都是好的，不會因為不屬於自己就變糟糕。所要做的、也僅僅能做的，是作好萬全的準備，當人事時地物都完美的時候，把握住屬於你的機會。

屬於你的，叫橄欖枝；不屬於你的，只是暫時改名叫荊棘而已。

飛吧！飛出去吧！

這篇文章，寫在二〇二四年十一月底，從日本回來之後。

上禮拜，我臨時決定飛一趟日本，參加Techstars Tokyo Demo Day。這次完全是自己寫信給日本的主辦單位，表達我對這個國際級加速器的興趣，並提到自己在年初才知道東京將舉辦第一屆Techstars，卻已錯過報名時間。但即便如此，還是希望能有機會到現場觀摩，親身體驗這場新創的畢業典禮。

那封回信很短，只有簡單的幾個字：「Just approved!」，卻讓我澎湃了一整個晚上。

其實，我不是一個很勇敢的人。

過去在沛米時，我其實不太喜歡別人介紹我時，特別強調「她有一間公司」。是的，我確實在成立前期出了資金，是股東，也是員工。但對我來說，這好像與投資任何一家公司沒有什麼不同，唯一的差別是：因為參與其中，我需要比別人更努力。

但公司終究不是我的，雖然有決策權的一部分，但最後的決定權仍然不在我手上。這對我來說，始終是個關鍵性的不同點。於是，我一直不敢把「創業家」這個頭銜掛在自己身上，總覺得自己只是個參與者，而不是「真正的創業者」。

然而，現在回頭看，這根本是我自己給自己的限制。

在沛米，營運、財務、人事、業務、法務、行政，這些事情我全都經手。從最細瑣的文件管理，到對外拓展合作關係，我一腳踩進創業裡的每一個環節，真正把一間公司撐起來。

那為什麼過去的我，卻不敢認同自己是創業者？

我就是啊！創業不是只有「掛名CEO」才算數，而是你是否真的投入、是否承擔起那些責任、是否讓自己成為驅動一間公司向前的關鍵角色。

而我卻到現在才想通。其實應該也不算太遲，雖然我又進了一步，成為了我本來心中既定印象的創業者，但我能夠理直氣壯地說，我是個連續創業家。

喔天啊！這幾個月我真的變很多，很多，但其實只是轉念之間，好似已經千里之差。

光是這次自己寫信給Techstars，決定單槍匹馬直接上陣時，其實連公司一分鐘的pitch都還沒完全想好，這是過去的我怎麼都不敢做的事。

有時候，飛出去不難，但踏出去很難很難。光是做到這一步，我已經想要給自己一個大大的100分。

靠自己激勵自己，在接下來的路上是件很重要的事吧。

站在 Techstars Tokyo 的現場，看著一群來自世界各地的新創站上台，分享他們的產品、願景、挑戰與突破，也跟 Techstars Tokyo 的主辦方交換了名片，跟他們自我介紹我來自臺北，得到他們的回覆：“I know. I remember your mail.”、“Hope you apply for next batch and you might be the first Taiwanese startup in Techstars Tokyo!”這一刻，我突然覺得這場 Demo Day 不只是他們的畢業典禮，更是我對自己展開這條路的見證儀式。

我還有很多要學的，還有很多路要走，但我知道，這條路才剛開始，而我，已經踏出去了。

闖天涯，沒有一只行李箱（1／2）

以前，總是聽老一輩的人說：「一只行李箱走天下」，其實很嚮往那種走南闖北的生活。

但是當我站在東京街頭，超越老一輩的人，連一只行李箱都沒有的時候，發自內心有種「我是誰、我在哪」的恍忽感。

事情是這樣的……

這趟來日本，是為了參加 Techstars Tokyo Demo Day，這個國際級加速器的新創畢業典禮。雖然是臨時決定出發，但一切看起來都很順利，行程也安排得很緊湊，沒想到真正的考驗，從我一下飛機就開始了。

報到櫃台前，地勤人員問我：「登機箱要拖運嗎？」

我低頭看了看手上的登機箱，心想：「也好，把電腦跟行動電源拿出來，等等機上可以工作。」於是，我把電腦和充電器拿出來，心情輕鬆地交出了行李，準備迎接這趟短暫但充滿期待的東京之旅。

飛機上，我的心情激動到特別打開筆電，記錄這趟行程的心得，寫下對Techstars Tokyo的期待，對首次單槍匹馬出征的感觸。

但當我通過護照查驗，走到行李轉盤前，遠遠地，一名陌生女子，從轉盤上拿起了一只粉紅色的登機箱。

那一瞬間，我的腦海閃過一個念頭：「要不要衝過去跟她確認一下行李吊牌？」

但幾乎是同時，另一個念頭冒出來：「這樣是不是有點失禮？畢竟行李箱長得像，不一定是我的。」

於是，在短短十秒內，她走進茫茫人海。

我心裡默默祈禱：「沒事的，應該只是同款而已……我的行李應該還會從轉盤出來吧？」

然而，現實總是殘酷的。

當行李轉盤終於停下來，螢幕上顯示「行李已全數搬運完成」，轉盤上只剩下一只粉紅色、但跟我行李箱完全不一樣的登機箱時，我的內心只剩下一個念頭：

完了，她拿錯了。

立刻，我找了航空公司的地勤人員，向他們說明：「這只行李箱不是我的，我的行李被別人拿走了。」地勤人員很迅速地試圖聯絡這位「誤拿行李箱的陌生女子」，但電話無人接聽，只能請我留下聯絡方式，並開了一張「行李遺失證明」，然後告訴我：「請先離開，我們會再通知你。」

於是，就這樣，我站在東京街頭，身上只有一個隨身包包和一台筆電（還好電腦還在，否則我可能真的會瘋掉）展開我的日本行程。

老實說，當下還有種灑脫率性的感覺，覺得自己真的是酷斃了。

直到進了 Airbnb，才發現自己什麼都沒有，牙刷牙膏等洗潔用品、保養品等一應俱無，最後還得再出門到附近的藥妝店買些必需品應急。

回想前一天半夜整理的行李，欲。哭。無。淚。

闖天涯，沒有一只行李箱（2／2）

其實，我的行李當晚就被那位旅客送回機場了。

但你以為這樣事情就順利解決了嗎？

不，因為航空公司＋海關作業流程＝一場漫長的等待。

結果是，我硬是多等了一天，最後實在受不了，直接殺回機場領行李。

你知道嗎？一般從機場拿行李，只需要填一張簡簡單單的「確認裡面沒有攜帶違禁物品」的申報單，不到三十秒就能搞定。

但！如果你的行李被別人領錯了，然後你要去認領，流程瞬間升級為一場繁瑣的行政考驗。

除了要填五到六張單子外，你還需要詳細列出行李內的主要物品。

當時的我站在櫃檯前，心裡默默叨叨著：「行李是我自己的啊！為什麼我拿自己的行李，比偷渡物品入境還難上幾倍？」

所以，真的，各位拿行李時，多花三秒確認一下行李名牌好嗎？就當積德了，謝謝。

經歷了一系列繁瑣的手續，航空公司的地勤人員從遙遠的海關拖著我的行李箱出來了。她滿臉歉意，禮貌地跟我說：「海關請我幫他們轉達，他們並沒有打開你的行李。」

這句話聽起來應該讓人放心，但我卻有點困惑：「嗯？這話是什麼意思？」

直到我的視線落在行李箱上，那個被暴力破解的行李箱拉鏈。

下一秒，我腦中自動閃現了以下畫面，然後失笑：

「怎麼辦？為什麼這個密碼鎖打不開？」

「這個密碼鎖是不是壞掉了！？」

「我要用鉗子撬開拉鏈！！！」

「啊啊啊這是誰的行李！不是我的啊！！！！」

……然後我就報廢了一個登機箱*。

謝謝這位陌生旅客，她完全沒有動行李裡面的物品，至少是個好人。

但這世界上，雷包滿天下，以後行李記號要做好做滿來自保。

強烈建議大家出國記得保旅行不便險！沒取得行李一定會在當地買些生活必需品，雖然這筆理賠金需要回國後才能申請，而且大多數保險公司只會賠約三千元，也不能彌補行李箱未及時取得帶來的麻煩，但至少能補貼一點，回國後去吃點好吃的，就當撫慰一下受傷的心靈。

哦不！房東要賣房子

記得在前面〈可能的外部失敗原因〉中，我絞盡腦汁想要窮舉出各種可能的原因，還很自豪地默默想說「目前想不到，其他的反正去拜拜應該可以把發生的可能降到最低吧」！

但人生就是有那麼多意外，老天爺可能揹鍋揹到累了，也想要給一直嚷嚷「老天爺很疼我」的小女子一點教訓。

在緊鑼密鼓準備 App 上線的一天早晨，收到了房東傳來的訊息：「早安～～非常不願告訴妳～我太太突然決定要賣房了～所以即日起請妳們可以另尋吉屋了！」一從房東的波浪號，我感受到他過去幾年的努力一朝有了成果的快樂，但卻似乎地一聲雷打在腦門，三魂七魄都飛了的我，早上要去上的創業課程根本無心也無法專注。

不是啊，這不能完全怪我。

在這裡住了十年，房東過去雖然一直表示想賣房，但房東太太一直是我堅實的後盾，她說不賣，房東也無可奈何，也讓我一天一天失去了防備心，一心覺得下次搬家就是我結婚或買房才會搬離，殊不知這天那麼快就來了。

我當下真的只有一個念頭：

「這時候叫我搬家？你知道我現在正在用最後一絲理智撐住嗎？」

這不是那種人生重擊級的災難，但它剛好來得太不是時候——

Healthy Plate App 還卡在 Apple 審核那一關、工程師在處理 bug、我的 admin checklist 還有三件事沒打勾、品牌商標的文件也在等送件，現在居然要我在這之上再處理一個月內搬家？

原本就只剩下幾格電的腦袋，現在要開一個全新的行程安排模組。我一邊打開591看房，一邊回bug測試結果；手上標著【優先處理】的To-Do清單，突然多了一個大大的紅色圈圈【找房】。

臺北市找房有多難你知道嗎？

不是單純租金貴這麼簡單。貴，我早有心理準備，就算預算往上拉，問題也不是解不解得決，而是那種——還沒安頓下來之前，你就是會不安。

對正在創業、上升魔羯的我來說，住的地方其實不只是休息的空間，更是工作延伸的一部分，是我拿筆電修改簡報的地方；是我回investor email的地方；是身為一個大人，情緒緊繃到極點的時候走幾步就可以進到淋浴間的地方，我可以溫暖地哭到電熱水器的時間用完，哭完、澡也洗好，穩穩處理完情緒，然後就可以把自己丟到熟悉的床上，安心睡飽隔天再戰。

所以不是搬不搬得動的問題，是「我還沒定下來」的感覺會干擾我整個系統。

即便明天就能租到一間不錯的套房，我還是會在找到之前，心裡默默懸著、覺得手邊所有事情都卡了一點，像是前進的節奏被拉斷。

這不是什麼大災難，但在創業的節點上，它就像是突如其來的延遲。

不是壞掉，只是跑不順。

也不是要抱怨人生有多難，只是覺得這種意外真的太有創業味了——不戲劇化，但非常打擾人；不是滅頂之災，但會讓你整個人節奏錯拍。

但我想，大概也是這種時刻最讓人知道，創業這件事不是在無菌實驗室裡進行的。

它穿插在你的人生裡，包含你晚餐吃什麼、冷氣壞了沒修、房東要不要賣房，還有你到底住在哪裡。

我想我會處理好的啦，只是先讓我抱怨五分鐘。

「你是ＫＯＬ嗎？」

有一段時間，我真的很想做群眾募資。

我想讓產品在還沒正式誕生之前，就開始和使用者對話，讓市場來決定這是不是一個值得存在的東西，加上，這樣現金壓力可以小很多。

於是，我很誠懇地去問某個知名群募平台，有沒有合作的可能。

對方很快回覆了我，開門見山、直球問兩句：

「請問妳是ＫＯＬ嗎？」

「妳有流量嗎？」

我不記得我回了什麼，只記得當下語塞。那種感覺有點像是去參加面試，結果對方沒問你履歷，只問你IG有幾千人追蹤。

我當然知道平台有平台的壓力。每一個上架的專案，都是他們在押注。如果是一個沒有聲量、沒有基本盤、沒有人認識的 nobody 發起的案子，對他們來說風險更大。這是我後來漸漸理解的事。

但說真的，那一刻我只是單純地難過。不是因為被拒絕，而是那種「你連開口說想做點什麼，都需要先被審核你是誰」的感覺，實在太熟悉了。

後來我也曾試過去問銀行貸款。一樣是拿著計畫書、預估現金流、財報資料，帶著一種「我們公司雖然還沒賺錢，但真的很努力」的心情走進去。

行員翻了幾頁，點了點頭，然後說：

「那請問公司或負責人有沒有不動產？或是可以提供的保證人？」

嗯……我是不太明白那跟房貸差在哪啦！過程可能還更麻煩。

創業以來，我學到的其中一個殘酷現實是：

當你最需要錢的時候，銀行最不會借你錢。

這不是銀行壞，是他們的生存之道。

他們不是來幫你撐傘的。晴天借傘，雨天收傘，是這個系統的基本邏輯。

我知道，不管是群募平台還是銀行，他們都在做他們該做的事。

平台不能上太多沒有群眾基礎的案子，銀行也不可能為了理想放棄風控。

但創業這條路，真的有太多時候，你不是沒東西，而是你還沒有足夠「被相信」的資格。

說白話一點就是：

「你是誰？」

「你有名嗎？」

「你以前成功過嗎？」

如果都沒有，那很可能你說的每一句話，別人都不會當真。

那個時候的你不是沒努力，而是「還不是誰」。

而這個「還不是誰」的狀態，讓你每說一個句子前都得先自我審查——

我這樣講會不會被覺得太早？太天真？不夠格？

但我也想補充：這樣的自我審查其實沒有不好。

在你還沒被看見的階段，提早預演那些你可能會被問的問題、可能會被懷疑的地方，反而會讓你在真正面對時，少一點錯愕、多一點穩定。

不是要壓抑情緒，而是給自己一點心理緩衝。

情緒還是會有的，失落還是會來，但如果能在心裡先走過一遍，那麼面對外界的不相信時，你會比較不容易崩潰，也比較能繼續說下去。

前事不忘，後事之師。

即使我們還不是誰，也可以在每次被質疑後，練習說得更清楚、站得更穩一點。

所以，的確，我不是ＫＯＬ，也沒流量。

當下的情緒也隨時間慢慢淡掉了，雖然想起還是有著滿滿無奈。

所以我還是寫下來了，也當作是給還沒被聽見的創業者的一點陪伴。

我們也許還不夠大聲，但我們有在說話。

總有一天，會有人願意停下來聽。
謝謝正在閱讀的你們，至少，你們現在聽見了。

質疑，永遠比相信容易

在臺灣，要當一個新創的執行長，真的不容易。

你會發現，質疑的聲音永遠來得又快又重。

一個點子講出來，不管你說得多麼有邏輯、是否比競爭對手有著明顯的優勢，第一個回應往往不是「這很有趣」，而是「這能賺錢嗎？」、「你做得起來嗎？」、「你有什麼特殊之處？」

幾天前，我和幾位臺灣有興趣成為天使投資人的大哥們聊完，一整天心情都很糟。

不是因為我講得不好或是氣氛不好——十年業務經驗畢竟讓我培養出了不管怎麼樣的場合都能從善如流應對的能力——而是因為我感受到了一種難以忽

視的高低差。

他們說：「你現在是直接向使用者收費，那這樣和未來發展 to B 的方向不吻合吧？」

說真的，這不是該問「你打算怎麼銜接」而不是直接蓋章否定嗎？

又說：「在臺灣，to C 的 App 幾乎沒有成功案例，目前也沒看到你有唯一的潛質。」

但為什麼不是問：「你怎麼看待這個現象？」、「你們為什麼從英文版開始？」、「你們的使用者在哪裡？」

最後一個 comment 是：「你們的簡報裡沒有說明投資人能獲得什麼，讓人難以想像這個項目的未來。」

我當然理解，之所以會有這樣的提問，或許我們的簡報還需要補強一些財務預估與潛在回報的模型。但我心裡也忍不住反問一句：

「那麼，我能從你們身上得到什麼？」

你們是一群能夠在產品早期就提供關鍵幫助的投資人？還是只是「想當投資人的普通人」？

現在回想起來，我當時或許應該主動問問他們每個人預計能投入的金額，說不定會更快理解，這場對話的基礎到底是什麼。

然後結語就來了：「期待你有更明確的未來的時候，再來找我們募資。」

明確的未來？你們的意思是所以要等我成功了你們才有興趣投資嗎？

臺灣人一方面不解為什麼我們沒有自己的獨角獸，一方面卻又理所當然地認為，這塊土地養不出獨角獸。

大家說「支持創新」，但其實最喜歡的還是「穩穩賺的小確幸」；說「看好新創」，但問的每一題都像是：「你有什麼資格？」

這不是誰的錯，而是我們整體環境對於「還在早期、還在成長中」這件事，總是抱著懷疑的眼光。

也許是因為我們被騙過太多次，也許是因為「保本」已經變成投資的第一信仰。因此，很容易用質疑投資型產品的方式看待新創；也因此，在臺灣，新創和投資人的關係，很容易變成一種「單向審問」的局勢。

我理解投資需要謹慎、需要風控，但很多時候，創業者面對的並不是對話，而是考核；不是交流，而是審判。

資源掌握在投資者手裡，於是語氣也掌握在那裡。

很多創業者被迫學會微笑、點頭，練習講故事，練習自我推銷，甚至練習在對方皺眉之前就主動低頭。這不是誰有錯，而是我們還沒有養成一個成熟的新創生態。

在一個健康的創業環境裡，投資是一種陪跑，是在創業者還不夠強大的時候選擇站在他身邊，而不是等他自己走出勝利的樣子，才來搶著合照。

但我們還沒走到那裡，至少現在還不是。

我知道，這篇寫出來可能還是會有人覺得我玻璃心、覺得創業者要禁得起挑戰。但我寫這篇不是為了申訴、申辯，我是為了記錄——

這些過程，我都真實走過。

這些不信任、這些冷眼，我也都承受過。

我不是要求所有投資人都無條件支持，或看見每一個還在摸索方向的創業者。我只是希望，我們能慢慢建立一種彼此尊重的對話模式。不是高高在上的審視，也不是低聲下氣的自證，而是站在同一條起跑線上，誠實討論：「我們一起，有沒有可能，做出一點什麼？」

因為說到底，獨角獸不是一個人創出來的。是創業者在前線拚，資本方在後面撐，兩邊彼此相信，才有可能真的走出來。

我只是想提醒那些覺得「自己是誰都沒關係，只要敢問就好」的投資人：當你開口說出那些話的時候，你也正在被創業者記住。

每個人都是我們的貴人，只是你不會是我們回頭感謝的那一位。

未來有一天我們站穩了，會記得，是你們教會我們：

質疑真的永遠比相信容易，但相信，才是讓奇蹟出現的開始。

CH6
歷史紀錄室

——回頭看那些沒完成的提案、沒說完的話

時間是不會說話的NPC。
但透過它，你能一直跟過去的自己對話。
這一章是回頭望，是倉庫裡那些放了很久的裝備，是舊日筆記裡還沒開的副本。
我們不一定能完成每個提案，但我們可以好好記住它們出現過的理由。

謝謝十年來累積的疼惜、謝謝認真了十年的自己

那天，在台經院主辦的 Findit 媒合會上，我以臺科大育成中心廠商的身分，進行了心意連 Healthy Plate 的募資簡報。

能夠在台上八分鐘內流暢地講完 Healthy Plate 的商業計畫，涵蓋市場痛點分析、我們的解決方案、未來市場規劃、競品分析等關鍵內容，真的要感謝臺科大育成中心事前為我們安排的一對一業師指導。這次的演練讓簡報內容更聚焦，也讓我在當天能夠順利完成報告。

下台後，中場休息時間，陸續有投資人和相關合作廠商來交換名片，詢問關於投資或合作的可能性。

短短時間內聊了不少，名片換到略微有些頭昏時，眼前突然出現了一張熟悉

的臉孔，開口叫了我一聲：「Emma!」抬頭一看，那是104人力銀行的投資長。

其實，在這種場合，業務出身、經歷十年市場歷練，我與每一位陌生人交談時，自然會掛上有點職業化的笑容。但當我看投資長的那一刻，那個笑容不再是帶著幾分客套，而是出自於驚喜的燦笑。

「投資長！好久不見！您怎麼會在這裡？」我幾乎是脫口而出。

她也笑盈盈地看著我：「對啊！我也沒想到在這裡會碰到妳。妳怎麼換一家公司了？不在沛米、自己出來創業了嗎？」

對，我是在沛米時認識她的。雖然當時沒有合作機會，但每次交流她提出的觀點都十分精準，讓我對她的專業和見解印象深刻。而如今，站在這個全然不同的場域，面對她的身分已經不再是沛米的營運長，而是心意連的創辦人，這一刻，用「恍如隔世」太浮誇，但面對沛米時工作上認識的她，才真正有種「自己真的已經踏上全新旅程」的實感。

在沛米待了幾年，要離開時的我不禁懷疑：「在沛米的這幾年，我真的累積到了什麼嗎？離開後，這些經驗能讓我證明我是誰嗎？」或者，其實這段創業經驗只證明了我是個能吃苦的人，卻不代表我有能力讓新的旅程變得更順利？

但其實過往經歷的一切都沒有白費。

比如我清楚知道在心意連每一個決定背後的邏輯；每一個刪去的選項都能明確說出不可行的原因。比如長年相伴的合作夥伴，在知道我要獨立開公司後，第一時間約了線上會議，幫我跟香港總部討論合作可能性，那句「有什麼需要幫忙的，跟我們說」讓我心裡暖了好久。比如在台經院Findit重逢、讓我溫暖好久的104人力銀行投資長。比如認識十年的客戶，在我離開沛米後，仍然時時關心我，某天突如其來的一封訊息：「Emma，老大問你的Healthy Plate上線了嗎？我們同仁什麼時候可以試用？」讓我在手機前愣了好幾秒，才意識到，這些年積累的信任一直都在。

謝謝一直疼著我的客戶、長輩、好友、合作夥伴、乃至於這個世界，一路走來，我一直被滿滿的貴人照顧著。

謝謝一直很害怕辜負這些疼惜的自己，一直很努力、很認真地過每一天，整整十年。

我們，只有一套帳

從沛米到心意連，我們一直以來的原則都很簡單——該繳多少稅，就繳多少稅，沒有內帳、外帳，只有一套帳。

這不是什麼特別高尚的堅持，只是一個我認為經營企業時該有的基本態度，因此也是從一而終的信念而已。

不過，這個「誠實納稅」的信念，和我每年報個人綜合所得稅時的心情，存在著嚴重矛盾。每年五月報稅季一到，打開報稅網頁，看著那個總額數字，我內心浮現的從來不是「國家需要我們的稅收」，而是滿滿的相對剝奪感：

「我有賺這麼多嗎？那錢去哪了？」

「花錢買衣服鞋子包包吃飯喝酒，不也是在刺激經濟？不獎勵我就算了，怎麼還要再割我一刀？」

當然，以上純屬內心小劇場，抱怨歸抱怨，最後還是乖乖把卡片掏出來刷下去，能分幾期免利息就分幾期。

但奇妙的是，當談到企業經營的稅務時，我卻從來沒有過這種掙扎與猶豫。從在沛米負責營運的第一天開始，我在帳務和稅務上的態度就一直很清楚——全部委由會計師事務所做帳，賺錢了，就該繳稅，這是最基本的企業責任。

當然，這種堅持，也不是沒有被質疑過——來自股東家人的、來自相熟的會計好友的，有時候聊起來，總會有些不可置信的語氣：

「哪有開公司不做內帳外帳的？」

「稅可以少繳就少繳啊，為什麼要自己找麻煩？」

老實說，我真的不能以什麼高尚的堅持來包裝，只是我真心怕麻煩。

沛米營運初期，股東的親朋好友買了大型家電用品，打了統編直接把發票給我，被我直接退回給股東了：「不好意思，我沒有要分內帳外帳，我們只有一套帳哦，謝謝！」

股東跟公司就是偶有往來、偶有代墊款項，但為了報稅而要報銷這些發票，我還要多做一堆帳，去區分哪些是「真的代墊款項」，哪些只是單純為了節稅報帳。

我幹嘛呢！

公司財務已經夠複雜了，為了節稅額外製造一堆帳目來拆解、還要解釋「這筆支出怎麼來的」，這才是真正的麻煩。

當然，也要感謝沛米負責人及股東尊重我的決定，儘管這個決定可能對他們來說很難真的理解，但畢竟負責日常營運的人是我，他們也只能支持。

不過我沒想到，這樣的堅持，在我離開沛米的時候，讓自己感到前所未有的驕傲。

我們只有一套帳，所有支出明細都有憑有據；沛米的零用金不經我手，每一筆銀行支出都有對應的發票、收據在會計師那裡；當我交接給繼任者時，一切乾乾淨淨，不需要任何「潤飾」。

當個好人很容易，但當個無負無愧、乾淨透明的人，不易。

我是沛米的業務、財務、法務、人事、行政，負責了那麼多面向，卻能夠在交接時作最單純的宣告：「我們沒有內帳外帳，所有帳明細都在會計師那裡。」這一點，我真的很驕傲。

到了心意連，我們依然，只會有一套帳。

這是最省事、安心、正確的堅持。

讓我們繼續這樣的堅持。

那些年，只應天上有的客戶

回顧這些年，還是有一些很暖心的案例。

當時，讓我感動到在FB寫下以下文字：

早上收到一個訊息，一個新創客戶提出終止開發的請求。

原因是她週末請一個行銷顧問評估整個 Business plan，結果發現不可行，所以請我們停止開發並結算已投入的成本，看她還需要付多少錢。

她為了這個 Business idea，離職、自掏腰包近百萬做營業的軟硬體前置準備；在昨天接受可能失敗的訊息、設下停損點，但是還回頭請我們結算看看是否還需要再補開發費用給我們。

當業務那麼多年，碰到太多客戶為了自己的利益最大化而無限合理化自己的行為（需求異動、點石成 code 的時程期望等等），產生的後遺症是很難打從心裡信任客戶、必須先作好所有最壞的心理準備以保護自己。所以每次只要遇到邏輯正常、講理的客戶都會雙手合十感謝老天。

經過這幾年，我得到的教訓讓我覺得彷彿做生意的根本永遠是利益最大化，所以客戶產生奧、不講理、聽不懂人話的情況好像也不能怪客戶，沒把自己保護好永遠是自己的問題。

所以，早上收到這個客戶的訊息，是第一次讓我打從心底為客戶感到不捨。承認失敗、接受損失的勇氣已經讓我佩服，希望合作夥伴仍能獲得應有報酬的想法，更讓我無比尊敬。

下午我會進行目前投入人力的評估，甭管解約補償了、打平或投入資源微幅超過的話也就算兩清；但如果她付的簽約款有超過我們投入的人力，我會退款給她。

這世界上好人不多了，該對好人溫柔一些。

這是個想要做共享會議室題目的客戶，雖然市面上已經有小樹屋在前，但當初她認為這個市場尚未飽和，還有空間可以再與對手一較高下，所以她毅然決然離開待了超過十年的公司，拿出存款勇敢追夢。

在面對新創客戶時，通常我們不會去挑戰客戶的商業計畫，而是在技術可行面向上提供建議而已。只是也因為這樣的作法也讓我們曾經碰過客戶窗口懷著歉意找我們：「我們老闆付不出薪水、公司要結束營業了，不好意思」的狀況。

其實時至今日還是無法理解，直接跑路、無視廠商及員工生死這麼壞的人，後來居然還是以成功創業家身分在臺北新創圈走跳，想必有其厲害之處。

但道不同不相為謀，這已是後話。

追夢不成，壯士斷腕的同時還可以顧及他人，真心希望這位客戶的人生路途永遠溫暖，一如她本人。

八年前，那些想說的話

在沛米成立後沒多久，二〇一七年有個新聞鬧得沸沸揚揚，全聯徐重仁先生發表了對年輕世代的感慨，一時引發了世代爭議。當時的我勉強還算年輕人，因此也有感而發投書風傳媒，文章標題為〈我，78年次，聽聽我說好嗎？〉。現在的我已經不屬於年輕世代了，但當時的文字還是想要留下來作紀念。

全聯徐重仁總裁不是第一個對年輕世代發出感慨的長輩，想必也不會是最後一個。即使在因為失言而道歉的當下，應該還是有相當多長輩覺得年輕人禁不起批評，如氣象專家李富城先生等。

不同世代，站在自己的立場，這樣的爭議不會少，在這樣的社會氛圍中，可能只會越來越對立，謝謝徐總裁這次願意放下身段，也謝謝有些長輩，願意試圖站在年輕人的角度看這個世界、為我們發聲，如二〇一四年陳文茜小姐寫的〈這個國家，太對不起年輕人〉。

我是個78年次的女生，第一份工作起薪30K，當時在外租房卻月存15K，現在出來創業。捫心自問，一路上都很努力；人生到目前為止，應該也不會有長輩覺得我不努力。但是，我還是這個苦悶世代的一員，想寫寫我眼中的這個社會、與那些對我們來說陌生卻冷酷的制度。

二〇一一年六月離開大學校園，很幸運地，六月就找到一份大公司的行政工作，更幸運的是在當時22K話題正熱的時候，拿到30K的起薪。在那個對社會只有粗淺認識的時刻，曾經有過短暫的喜悅，覺得接下來要面對的世界並不如世人所言的殘酷。

接著，和大學同學搬入了位於景美夜市附近、號稱八坪的頂樓加蓋小套房，每月租金10K兩人平均分攤。兩個女生睡在同一張床上，夏天尤其令人印象深刻，偶爾為了是否要開冷氣鬥嘴、偶爾在颱風來臨期間擔心屋頂被吹翻、床是否會自動升級成水床。

不知道哪來的倔強，出了社會後就不願回家伸手拿錢，再拮据也要自己想辦法過活。卻又對存摺上的空白感到深深的恐懼，因此強迫自己，在每個月初將月薪的一半存入另一個戶頭。沒有什麼投資概念，只是一個看著存款數字增加、似乎未來掌握在自己手裡的單純念頭。

每個月，30K的月薪扣掉近2K的勞健退，實領28K，扣掉房租5K、交通費1.5K、強迫自己儲蓄的15K，只剩6.5K。所有娛樂只能發生在月初，到了月底，可能連續幾天都仰賴景美夜市的生煎包過活，一顆12元，兩顆就是晚餐。

一個月15Ｋ，扣掉偶發性贈與親朋好友的紅包錢，一年下來也存了十來萬，但是，想要買個小窩給自己，半坪的空間應該夠放個馬桶。

離開行政工作後，在資訊顧問公司以業務角色打滾了兩年，每天兩個客戶、個別兩到三小時的會議是基本，經常是下午需要趕場開會，email 在晚上十一點前回完算輕鬆的一天、如果需要提案報告寫到凌晨兩、三點都不為過。但是，在放棄了擁有小窩這個彷若天方夜譚的念頭，薪水加獎金總算可以自己租間套房，買些想要而非必要的東西，一個人的生活還算自在。

去年初出來創業，將存摺上本就不多的數字取出，希望能夠儘可能以軟體服務解決在過去顧問公司看到的企業問題。一間小小軟體新創、幾個開發人員，在民宅內設立的公司，開始不只為了自己的薪水努力。

但是，到了這個時候，才真正體會到臺灣社會那系統性的不友善。

新創需要錢，所以在初始股東投入的資本之外，我們努力向外尋求資金。

一開始，先努力申請政府補助，卻發現臺灣的政府補助跟銀行貸款具有一致的特性：「晴天打傘雨天收傘」，能申請的直接補助並不多，除非參與某些特定政府法人操作出來的偽議題如4G、AR／VR、工業4．0等等。這一年申請過、失敗過、也憑著一股初生之犢不畏虎的精神、打敗原定廠商，承接過某法人得到的補助衍生的標案，因此略懂了這個領域的遊戲規則。這些趨勢與技術都屬實，但透過這些法人的操作，最大的獲利者是他們，臺灣廠商能以這些資金發展的僅為殘羹剩餚。

那麼，國發基金天使計畫看來是條寬廣的可行之路，但或許是我們準備不夠充分，花了許多時間撰寫的分析與內容只得了一句評論：「臺灣沒有SaaS的市場」。一句話似乎就要抹煞所有未來。當然，許多前輩對天使計畫的評論是屢敗屢戰，總有一天等到你。只是，我無法僵在這琢磨，以一堆計畫書文字打造創業的夢想，對我來說太奢侈，更有甚者最終可能只會淪為空談。更何況，我要養一個團隊。

面對這樣的規則，保持希望跟買房並肩成了人生中最難達成的兩件事。

那麼，創投呢？

白手年輕人跟技術人組成的團隊，沒有人脈、光憑不成熟的產品和口說無憑的所謂「我們看到的需求」，如何吸引投資者？不是沒有嘗試過，參加了十數次活動，鼓起勇氣到台前向前輩或長輩搭話，試圖用簡單 pitch 取得詳細說明的機會。但是或許是 pitch 表現不夠理想，也或許我太高估這理想的價值，前輩或長輩總是收下了我的名片，附上一句：「我會再跟妳聯絡，真的。」卻再也沒有下文。

我多麼羨慕含著金湯匙出生的創業家們！經濟學開宗明義告訴我們，這是個探討資源有限而慾望無窮的理論。只是學校沒教的，是在遊戲規則裡，容易取得資源的總是既得利益者。這個世界從來不像大富翁遊戲，每個人從擁有一樣的資源開始、面對相同機率的機會命運。

這個時代對我們來說，不是一個努力就會有回報的年代。

但這不代表我仇富，畢竟，這些能夠為子輩爭取到較高出發點的長輩們都曾經打拚過，我相信當初他們為的不只是自己、還有臺灣。

羨慕，但不代表有所怨嘆。也許我們家長輩沒有辦法在起跑點把我們拋高高，但是他們曾經辛苦、認真地過日子把我們拉拔大。只是靠自己而已不是嗎，儘管在這個年代更辛苦一些。

我仍然相信有一天會成功，儘管只靠自己。就像目前持續營運中的公司，靠努力接案也是活得下來的，想完成的產品，在沒有奧援的情況下，就慢慢來吧。

只是辛苦一點！撐得住！還行！

復旦女子圖鑑

前陣子，連續兩週跟高中同學們，ＡＫＡ復旦165班女子們碰面。

原來，成年後的高中同學聚會起手式是：「欸你還記得……嗎？」如果身邊有非同學的人類（？）在，起手式則會是：「你知道嗎？當初我們啊……」

時間愈久，畫面似乎愈發歷歷在目。

比如，全班一起挨罵的數學課（或生物課物理課其實沒挨罵的課好像不存在）。

比如，跟隔壁班換教室想愚弄老師未得逞的愚人節。
比如，聊到每一夜幾乎都未眠的西雅圖夏天。
比如，偷偷訂再想辦法到警衛室拿的甜滋滋飲料。
比如，除了要避開授課老師還要避開巡堂老師，在上課偷偷看的各類型小說。
比如，畢業那年火紅盛開的鳳凰花。

如果不是隔了那麼久沒見，可能我們都沒有意識到已經過了那麼多年。距離少不更事、以為世界非黑即白、善惡永遠如小說裡二元對立的我們，已經那麼久了。

已經怎麼也想不起十七歲的我們，腦中想像那個成為大人後的世界抑或是成為大人後的樣子。

比較可能的是，十七歲時並不知道在三十歲過後，生活中花最多時間的是柴米油鹽醬醋茶；原來工作不只是處理完手上的事，還有會持續生事的客戶老闆主管及下屬；以往相信做事比做人重要的鐵則在經歷一件件事情過後變得搖搖欲墜；而曾經毫無保留付出尊敬及信任的一些長輩開始令人無比失望。

只是，畢竟從十七歲跌跌撞撞走到三十四歲，現在的腳步應該沉穩自信了一些，至少至少看到前方的坑能夠輕巧繞過。萬一還是不小心踩坑跌倒了，起來拍拍裙擺沾上的灰，繼續邁出下一步。

接著，把跌倒的糗事在聚會時拿出來，佐餐佐酒佐時光。

可以肯定的是，十七歲時絕對不會想到三十四歲的我們，會在居酒屋裡遙想當年的白衣黑裙、藍色校徽。

一杯酒、二句話、三件往事，然後說出：「其實我們好像沒有變很多啊！」

或許不是我們沒有變，
而是我們每次的相聚，都是以最赤誠的那一面。

CH7
出口觀景台

——你還在迷宮裡，但你已經能抬頭看遠方

你可能還沒打完這場遊戲，但你已經學會停下來看看風景。
出口不一定清楚，但你不已再像一開始那麼慌了。
這一章，是關於前方、關於期待，也關於我們終於能對自己說：「走這條路，挺好。」

好事，會召喚好事

你相信紫微斗數嗎？

不管你信不信，這篇其實是我個人的理性分析。

我，是個所謂「武曲坐命」的命格。書上說這種命格「不發少年時」，有人說要等到三十五歲才會開始順、有些說要四十歲，但總之是要靠自己硬撐出一條路。年輕時看到這種說法，只覺得命好苦。一方面怕變老，一方面又急著變老，幻想自己撐到某個年紀之後，命盤會突然開花，整個人生從此一路順風。

但現在，我好像真的慢慢懂了些什麼。

當你少時苦、一路走得卡卡的，反而會比較會長記性。

不會隨便認為世界公平，也不太輕易信口開河。你開始暗自觀察這個世界是怎麼運作的，誰的話是真的，什麼時候要讓，什麼時候該撐。

而所謂「年紀稍長可以厚積薄發」，其實也不是什麼神奇的天命爆發，只是你累積夠了，被看見的機會開始變多了；只是你過去一路種的種子，終於開始開花了。

更重要的是，你踩過的坑夠多了。

每一次錯得很澈底、撞得很痛的經驗，都會默默在你體內留下一些判斷公式。

你開始能辨認出問題的關鍵在哪、看懂事情為什麼會變成現在這樣，進而能夠抽絲剝繭地找到那個最關鍵的結點，迅速出手處理。

這不是什麼天賦解鎖，而是一路練出來的肌肉。而這些，才是以統計學來說，後來能夠「厚積薄發」的理由。

我前陣子突然有這種感覺：好事，會召喚好事。

這句話不是玄學，是我真實感受到的節奏。

創業這條路上，「第一個相信你的人」總是最難出現的。第一個投資人、第一個客戶、第一個合作方、第一個願意幫你拉門進場的人——永遠最難說服。因為你什麼都還沒有。

但當你說服了第一個人，那個光點就會變成你說服第二個人時的基礎。當你拿到第一個肯定，你講話就多一分底氣。別人也比較願意聽下去。你說「我們的App正在被誰誰誰試用」，或是「上次跟誰談過他們很感興趣」，那些都會慢慢疊起來，成為你不再是nobody的證明。

然後，真的就會像滾雪球一樣，你過去做對的每一件小事，都會在未來幫你講話。

所以我開始相信，好事，會召喚好事。

但這些好事不是突然從天而降，而是因為你沒放棄、你持續累積、你每一次都選擇不亂說話、也不放爛。

你在還沒被看見的時候，還是選擇站穩。你選擇誠實報數據，哪怕問卷結果不好看；你選擇小心處理關係，不讓夥伴彼此消耗；你選擇寫得出還不錯的 pitch deck，即使你知道當下不一定有人看。

這些小事，會變成你之後被信任的原因。

然後，一件好事就會接著另一件出現——不是因為運氣變好，而是你變得值得了。

所以，如果你也正在創業、正在迷宮裡打轉，也許可以給自己一點時間。

相信一件好事的發生，不是結束，而是開始。
那些在還沒人看見時你作的選擇，才是後來所有「厚積」的來源。

也許，我們都不是紫微斗數裡那種天命顯赫的人。
不迷信，但我相信認真走過每一步的過程都不會白費，總有一天會發光的。
因為好事，真的會召喚好事。

What's Next?

這本書，其實不長，在初版交稿時只有三萬字出頭，成書時會再長出多少字其實我也不知道。（編按：後來約五萬餘字。）

畢竟，這本書想記錄的，是在App上線前的這101天，甚至更早，在這101天之前，我作過哪些準備、走過哪些冤枉路、得到哪些幫助，也或許訴說了一些委屈與掙扎。

但這101天，不是終點，而是一個起點。

未來的路，還長得不得了，接下來還會有多少不可預期的挑戰、多少意想不到的轉折，我完全無法預測。

有時候好笑，像是突然發現自己是五金家用餐具的批發商；
有時候難過，像是某些信任的人，最後無法同行；
有時候興奮，像是獲得了一個意想不到的機會、遇見了日本新創圈新星；
有時候也會失望，像是花了大把時間寫BP，卻只收到一封Thank You Letter。

但這不就是創業嗎？
它不是一條筆直的道路，而是滿布荊棘、偶爾還會有大坑的探險旅程。
但正因為如此，每一個選擇、每一次修正方向、每一場與市場的正面交鋒，才會讓這趟旅程變得值得。
現在，我們還在「產品上線前」的階段，這本書記錄的，是心意連的開始。
未來的故事，才剛要展開。

我很期待出第二本。
因為，我知道，接下來的旅程，一定會比這101天更精彩。

商業企管類　PI0063　BOSS館14

創業101天
——科技女子闖關實錄：沒有攻略、現實打怪，創業現場第一手筆記

作　　者 / 詹逑親（Emma）
責任編輯 / 尹懷君
圖文排版 / 陳彥妏
封面設計 / 王嵩賀

出版策劃 / 秀威資訊科技股份有限公司
法律顧問 / 毛國樑　律師
製作發行 / 秀威資訊科技股份有限公司
114台北市內湖區瑞光路76巷65號1樓
電話：+886-2-2796-3638　傳真：+886-2-2796-1377
http://www.showwe.com.tw
劃撥帳號 / 19563868　戶名：秀威資訊科技股份有限公司
讀者服務信箱：service@showwe.com.tw
展售門市 / 國家書店（松江門市）
104台北市中山區松江路209號1樓
電話：+886-2-2518-0207　傳真：+886-2-2518-0778
網路訂購 / 秀威網路書店：https://store.showwe.tw
國家網路書店：https://www.govbooks.com.tw
經　　銷 / 聯合發行股份有限公司
231新北市新店區寶橋路235巷6弄6號4F
電話：+886-2-2917-8022　傳真：+886-2-2915-6275

2025年9月　BOD一版
定價：350元

國家圖書館出版品預行編目

創業101天：科技女子闖關實錄：沒有攻略、現實打怪,創業現場第一手筆記 / 詹逑親(Emma)著. -- 一版. -- 臺北市：秀威資訊科技股份有限公司, 2025.09

面； 公分. -- (商業企管類；PI0063)(BOSS館；14)

BOD版

ISBN 978-626-7770-16-0(平裝)

1.CST: 詹逑親 2.CST: 創業 3.CST: 傳記

494.1 114010935